U0192748

高等数学教学与思维能力培养研究

耿敬荣　著

中国建材工业出版社

北　京

图书在版编目（CIP）数据

高等数学教学与思维能力培养研究/耿敬荣著. --
北京：中国建材工业出版社，2023.12
ISBN 978-7-5160-3850-5

Ⅰ. ①高… Ⅱ. ①耿… Ⅲ. ①高等数学－教学研究－
高等学校 Ⅳ. ①O13

中国国家版本馆 CIP 数据核字（2023）第 200671 号

高等数学教学与思维能力培养研究
Gaodeng Shuxue Jiaoxue yu Siwei Nengli Peiyang Yanjiu
耿敬荣　著

出版发行：中国建材工业出版社
地　　址：北京市海淀区三里河路 11 号
邮　　编：100831
经　　销：全国各地新华书店
印　　刷：北京印刷集团有限责任公司
开　　本：787mm×1092mm　1/16
印　　张：9.25
字　　数：220 千字
版　　次：2024 年 5 月第 1 版
印　　次：2024 年 5 月第 1 次
定　　价：68.00 元

本社网址：www.jccbs.com，微信公众号：zgjcgycbs
请选用正版图书，采购、销售盗版图书属违法行为
版权专有，盗版必究。本社法律顾问：北京天驰君泰律师事务所，张杰律师
举报信箱：zhangjie@tiantailaw.com　举报电话：（010）57811389
本书如有印装质量问题，由我社市场营销部负责调换，联系电话：（010）57811387

目录

第一章 高等数学教学的必要性

第一节 数学在高等教育学科中的地位

在科学技术高速发展的今天，数学应用的触角几乎伸向一切科学技术领域和社会管理层面，数学的广泛应用势必要求各类专业人员具备相当的数学应用能力。应用数学能力是人才能力结构中的基础关键能力。人才培养目标的应用型定位，决定了数学的基础地位和工具地位。反映在数学教育上，则必须大力加强数学应用能力的培养。围绕学校定位，结合21世纪知识经济时代的科技发展趋势和对人才培养的要求，探讨人才培养的数学课程教学改革，更加有效地促进学生的科技创新能力及科学思维方法和素养的提高。改革的途径是改进课程体系、教学内容和考核方式，使学生能够自主学习，获得更多、更合理的知识，增强学生用数学知识解决实际问题的能力。

一、高等数学教学的现状分析

数学这门学科经历了几千年的积累，课程体系和内容结构都更加完善，多年来一直一成不变地呈现在授课教师和学生面前。由于教学内容和教学方法的陈旧和课程内容的抽象难懂，导致学生学习的兴趣极低，多数学生只能通过对某些公式、定理的死记硬背以求及格成绩，达到获得学分的目的。虽然课程的任务完成了，但学生学习的效果却保证不了，更不利于培养学生的创新能力。

（一）教学内容过于理论化，缺乏技能性训练

在数学课上讲授定义概念，推导定理，通过习题训练使学生掌握数学知识是学习数学的必要步骤，本无可非议，但当前的教学过程往往过于强化对概念、定理的学习和推证，强调学生对习题的求解方法和技巧的训练，而忽视对实际问题分析能力的培养。学生对实际问题的数学化能力欠缺，处理数据能力薄弱，对专业知识的学习和技能的提高没有发挥应有的作用，多数学生只会解题，而不会分析实际问题，导致学生学习数学的积极性不高甚至有抵触情绪。

（二）教学手段与信息技术发展脱节

计算机技术和网络技术日益影响着当代大学生的学习和生活，但当前的教学环境并没有充分发挥现代教育手段的优越性。虽然在教学过程中较多采用了多媒体教学手段，但实践表明在当前的高等数学教学体系下，教师使用多媒体教学不够灵活，多媒体课件内容机械照搬教材，教学效果远不及传统的黑板教学方式。在不改变当前教学体系的情况下，高等数学的信息化改革很难大幅度推进。

(三)数学课程与专业课严重脱节

现行的教学体制一般是将学生分为理工科、文科两个不同的层次进行高等数学课程教学，但这样简单地区分并不能很好兼顾专业特色和需求，这样就出现了许多高等数学内容对专业知识的学习没有任何的帮助，而在专业课中需要掌握和强化的数学知识在高等数学课上又简单处理这种矛盾现象。教师在教学过程中对教学内容基本采用“一刀切”的处理方式，没有根据专业特点有所侧重。考试统一命题，不能根据专业特色起到积极的引导作用。而学生在学习过程中完全处于被动地位，不了解高等数学与本专业之间的联系，学生认为数学课完全是一门孤立的基础课，对其重要性认识不够，学习起来不够重视。可以说，传统的数学课教学与专业课教学脱节较为严重，没有有机地结合起来。

由于教师教学任务重课时分配少，教师在教学的过程中则对某些内容进行精简，很多定理、性质只作介绍不做具体的证明和推导，所以学生接收到的信息太过理论化，再加上对大量的练习感到枯燥无味，很多学生对数学课程抱着排斥的心理，这样既影响课堂听课效率也降低了学习效率，致使教学目标难以实现。

二、高等数学的主要学习内容和教学目的

(一)高等数学的主要学习内容

我们要学习的《高等数学》这门课程包括极限论、微积分学、无穷级数论和微分方程初步，最主要的部分是微积分学。

微积分学研究的对象是函数，而极限则是微积分学的基础（也是整个分析学的基础）。通过学习《高等数学》这门课程要使学生获得：函数、极限、连续；一元函数微积分学；多元函数微积分学；无穷级数（包括傅立叶级数）；常微分方程等方面的基本概念、基本理论和基本运算技能，为学习后继课程奠定必要的数学基础。通过各个教学环节培养学生的抽象概括能力、逻辑推理能力和自学能力，还要特别注意培养学生比较熟练地运算能力和综合运用所学知识去分析问题和解决问题的能力。

数学学科是理工科专业必修课，跟后续课程息息相关，是重要的基础课。数学是一门极能锻炼学生思维能力以及耐心和定力的学科。数学教学的主要目的就是培养学生使用数学知识去分析和解决问题的能力。譬如一些定理或定义只能记忆一时，而独有的数学思维和推理方法却能长久发挥作用，甚至一生受用。现在数学已经渗透到各个学科、各个科学领域，随着知识经济社会的发展，各领域中的研究对象数量越发增多，特别是计算机在各领域的广泛应用。所以，社会向人们提出了一个迫切的要求：要想成为适应社会发展要求的现代人，就必须具备一定的数学素养。因此，对现在大学生来说，学好数学对学业和其他相关课程很重要，对将来更好地融入社会更重要。

(二)高等数学的教学目的

高等数学是高等学校中经济类、理工类专业学生必修的重要基础理论课程。数学主要是研究现实世界中的数量关系与空间形式。在现实世界中，一切事物都在不断地

变化着，并遵循量变到质变的规律。凡是研究量的大小、量的变化、量与量之间的关系以及这些关系的变化，就少不了数学。同样，一切实在的物皆有形，客观世界中存在着各种不同的空间形式。因此，宇宙之大，粒子之微，光速之快，世界之繁，无处不用到数学。

数学不但研究现实世界中的数量关系与空间形式，还研究各种各样的抽象的“数”和“形”的模式结构。

恩格斯说：“要辩证而又唯物地了解自然，就必须掌握数学。”英国著名哲学家培根说：“数学是打开科学大门的钥匙。”著名数学家霍格说：“如果一个学生要成为完全合格的、多方面武装的科学家，他在其发展初期就必定来到一座大门并且通过这座门。在这座大门上用每一种人类语言刻着同样一句话：这里使用数学语言，”随着科学技术的发展，人们越来越深刻地认识到：没有数学，就难于创造出当代的科学成就。科学技术发展越快越高，对数学的需求就越多。

如今，伴随着计算机技术的迅速发展、自然科学各学科数学化的趋势、社会科学各部门定量化的要求，使许多学科都在直接或间接地，或先或后地经历了一场数学化的进程（在基础科学和工程建设研究方面，在管理机能和军事指挥方面，在经济计划方面，甚至在人类思维方面，我们都可以看到强大的数学化进程）。联合国教科文组织在一份调查报告中强调指出：“目前科学研究工作的特点之一就是各门学科的数学化”。

随着科学技术的发展，使各数学基础学科之间、数学和物理、经济等其他学科之间相互交叉和渗透，形成了许多边缘学科和综合性学科。集合论、计算数学、电子计算机等的出现和发展，构成了现在丰富多彩、渗透到各个科学技术部门的现代数学。

“初等”数学与“高等”数学之分完全是按照惯例形成的。可以指出习惯上称为“初等数学”的这门中学课程所固有的两个特征：

第一个特征在于其所研究的对象是不变的量（常量）或孤立不变的规则几何图形；第二个特征表现在其研究方法上。初等代数与初等几何是各自依照互不相关地独立路径构筑起来的，使我们既不能把几何问题用代数术语陈述出来，也不能通过计算用代数方法来解决几何问题。

16 世纪，由于工业革命的直接推动，对于运动的研究成了当时自然科学的中心问题，这些问题和以往的数学问题有着原则性的区别。要解决它们，初等数学已不够用了，需要创立全新的概念与方法，创立出研究现象中各个量之间的变化的新数学。变量与函数的新概念应时而生，导致了初等数学阶段向高等数学阶段的过渡。

高等数学与初等数学相反，它是在代数法与几何法密切结合的基础上发展起来的。这种结合首先出现在法国著名数学家、哲学家笛卡儿所创建的解析几何中。笛卡儿把变量引进数学，创建了坐标的概念。有了坐标的概念，我们一方面能用代数式子的运算顺利地证明几何定理，另一方面由于几何观念的明显性，使我们又能建立新的解析定理，提出新的论点。笛卡儿的解析几何使数学史上一项划时代的变革，恩格斯曾给予高度评价：“数学中的转折点是笛卡儿的变数。有了变数，运动进入了数学，有了变数，辩证法进入了数学，有了变数，微分和积分也就成为必要的了。”

有人作了一个粗浅的比喻：如果将整个数学比作一棵大树，那么初等数学是树根，名目繁多的数学分支是树枝，而树干就是“高等分析、高等代数、高等几何”（它们被统称为高等数学）。这个粗浅的比喻，形象地说明这“三高”在数学中的地位和作用，而微积分学在“三高”中又有更特殊的地位。学习微积分学当然应该有初等数学的基础，而学习任何一门近代数学或者工程技术都必须先学微积分。

英国科学家牛顿和德国科学家莱布尼茨在总结前人工作的基础上各自独立地创立了微积分，与其说是数学史上，不如说是科学史上的一件大事。恩格斯指出：“在一切理论成就中，未必再有什么像17世纪下半叶微积分学的发明那样被看作人类精神的最高胜利了。”他还说：“只有微积分学才能使自然科学有可能用数学来不仅仅表明状态，并且也表明过程、运动。”时至今日，在大学的所有经济类、理工类专业中，微积分总是被列为一门重要的基础理论课。

三、从培养定位来思考数学教学

顺应社会经济建设的现代化和高等教育的大众化的要求，应用型人才教育越来越受到重视。传统的高等学校教学中过于注重理论知识的传授，忽略了对学生的实践能力和创新能力的培养的问题，与社会要求严重脱节。所以以下几个方面迫切需要思考和解决：首先，突出课程设计的应用性。在本科教育中虽然让学生按照培养计划掌握一定的专业知识是必要的，但也要考虑到学生在将来工作中的适应性和实践能力。其次，突出教学的实践性。在教学中重视实践教学，培养学生的实践应用和创新能力。最后，突出课程内容的实用性。根据实践的需要调节各个层次知识的比例，不要学习太过深入的理论，教会学生一些推导的方法，以达到用理论服务实践的目的。在数学课程教学中，内容上必须强调应用的目的，突出实践性和应用性。比如在教育专业，笔者做了一点尝试性的创新：减少理论内容，降低难度；重要定理的推导过程只给出数学思想不作详细证明；突出应用性内容，特别是跟实际生活密切相关的内容；注重计算能力，服务于专业课程。

第二节　数学教学对培养应用型人才的重要意义

本科教学中的数学在大学所有专业中是一门非常重要的课程。作为一门基础性学科，学好数学能为今后工作提供极大的方便，拥有数学能力，是一个高素质人才的基本条件之一。教师在实际教学过程中，应该着重培养学生学习数学的相关能力。例如，对数学的观察想象能力，推理数学的逻辑能力与运算能力，将这些能力对学生加以综合性的培养，可以帮助学者解决实际问题。学生只有提高了相关能力，才能将数学题目顺利解决，我国当前推崇素质教育，在素质教育环境下，将学生提高数学基础知识工作做好是非常重要的。学生在进入大学之前的数学基础不同，决定了学生接受数学知识的能力。基于上述原因，为了符合素质教育的相关要求，积极发展数学教学对培养符合社会需求的应用型人才具有重要意义。

一、培养数学教学应用型人才的重要举措

（一）教学内容整合与课程体系改革

为了适应社会发展对人才培养的要求，可从以下几个方面对数学教学内容进行改革：

1. 引入数学史知识

一方面可以活跃课堂气氛提高学生学习的兴趣，另一方面通过介绍数学家的奋斗历程可以激发学生发现问题、研究问题的积极性。

2. 对教学内容进行整合，吐故纳新，注重引入现代内容

在教学中注重各学科的互相渗透，过于抽象的理论可以简要介绍甚至可以淡化，对概念强调理解、对公式强调应用，注重学生综合应用能力的培养。

3. 增强应用性

现在高校越来越重视数学培养学生在实际工作中解决问题的能力，所以在内容选择上应该增加应用，使应用和理论有机结合起来。例如根据学科特点使用数学教材时，引入经济学、生物学、物理学、电学、医学等领域的例子，用这些鲜活的例子增强学生的应用意识，使学生认识到数学不再是枯燥的计算和定义、定理，也是现实生活中解决实际问题的工具，达到提高学生学习兴趣的目的。

4. 强化数值计算的训练

很多理工科的专业课程都用到数学的计算，所以强化计算的训练可以帮助学生学好专业课程，对将来从事专业方向的工作也是有积极作用的。

（二）引入数学建模思想与增加数学实验

数学建模是近年来新发展起来的交叉学科，以建立一个数学模型来描述生活中的实际问题为主要研究内容，并用数学的概念、方法和理论进行深入讨论，最后得出最佳解决方案。在建立模型的过程中会用到很多数学课程，例如微积分、几何、微分方程、概率论等。通过数学建模，学生可以把各种理论融合在一起，达到贯通的目的。在数学教学中引入数学建模的思想是必要的，既可以改变重理论轻应用的现状，又能够启发学生的思维，并且在教学过程中培养学生深入理解问题、分析问题和解决问题的能力，提高学生学习的兴趣，拓宽解决问题的思路，达到培养应用能力的目的。

数学实验是在现代技术发展中形成的独特的研究方法，既不同于传统的演绎法也不同于传统应用型人才培养模式下数学教学改革探索的实验法，而是介于二者之间的新方法。在数学教学中引入数学实验可以直观地展示抽象的理论，不但有利于学生对知识的理解，还能培养学生运用计算机解决问题的能力。数学实验的演示既加深了学生对定义的理解，也有利于学生认识定积分的几何意义。

（三）充分利用多媒体和互联网为教学服务

数学中大部分内容都是定义、性质、定理、推论，这些内容都比较抽象，完全按照课本内容讲解，学生会感到很难理解、枯燥乏味；而那些定理、推论等内容太过抽象，对学生的空间想象能力和推理能力要求很高。如果完全用传统的板书授课，无法展现一些复杂的推理过程和空间结构，学生理解起来很困难，往往事倍功半。

多媒体将图、文、动画等合理地结合成一体，能够更加直观、清晰地展示教学内容，不但学生理解起来容易，而且也能激发学生的学习热情，还能够实现学生自主学习为主，教师引导为辅的教学模式，达到培养学生自主思考、解决问题的能力。教师也能够节省书写板书的时间，在有限的时间里大大提高课堂教学效率。借助多媒体来辅助数学教学能够达到事半功倍的效果。

但是应该强调多媒体在教学中的地位是“辅助”，不宜过多，而且多媒体包含的内容多、播放过快导致学生没有时间进行空间思考或是做课堂笔记。过多地依赖多媒体，很多老师就会把多媒体当成了大屏幕教材，从而不愿意深挖教材内容，甚至变成了“放映员”，违背了课堂教学以教师为主体的原则。所以合理、有度地利用多媒体来辅助教学才是改革的方向。

二、完善细化数学教学改革措施，构建数学课程改革保障体系

（一）以学生需求为导向，分层次立体化实施数学教学

高校在设置课程体系时，除了按照“四个模块”进行分类教学，还要根据各专业特点及人才培养规格特征，将各模块进行层次类别划分，以满足不同类型、不同层次学生对数学的需求，从而实现数学分层次立体化教学模式。如将数学在按照土建、测绘类，机械材料、交通运输、电气信息类，经管类，人文社科类分为 A、B、C、D 四个模块的基础上，又将每个模块分为 I、Ⅱ两级，按照学生的层次，采取不同教学计划进行教学，形成立体化的交织网络。同时，我们依托不同类别学生的特点，分类制定教学大纲，按类选用教材。

（二）以模块建设为平台，打造具有专业工程素养的教学团队

以“四个模块”建设为平台，遴选优秀教师作为各课程模块负责人，并在此基础上，组建结构合理的教学团队。同时，学校还要在专业院系聘请一批数学基础扎实、工程实践经验丰富的青年博士，参与到数学课程教学和模块建设中。此外，我们通过引进、培训、进修，“导师制”的实施，青年教师过“三关”等方式，不断提高教师的教学水平和业务能力，逐步打造一支政治素质高、业务素质强，结构合理，具有一定工程专业知识的数学教师队伍。

（三）以制度建设为抓手，建立完善的教学质量监控体系

通过统一制定各模块的数学教学大纲和授课计划，制定数学课程建设的各种规章制度，如教材选用制度，教考分离制度，集体备课制度，开新课和新开课教师试讲制

度等等，使得教师教学工作有规可循，有章可遵，教学规范性进一步增强。我们还充分发挥校、院（系）两级督导的监督指导作用，充分发挥学生评教、教师评学和毕业生质量跟踪调查等质量保障与监控体系的作用，确保课堂教学质量。

第三节　高等数学教学与数学应用能力的关系

一、大学生数学应用能力的含义

大学生数学应用能力通常指应用高等数学知识和数学思想解决现实世界中的实际问题的能力。这里的“实际问题”是指人们生活、生产和科研等实际问题。

从认知心理学关于“问题解决”的观点看来，数学应用能力是指在人脑中运用数学知识经过一系列数学认知操作完成某种思维任务的心理表征。问题解决一般包括起始状态、中间状态和目标状态。这三者统称为问题空间。数学应用能力也可以理解为在问题空间进行搜索，通过一系列数学认知操作后使问题由起始状态转变为目标状态的能力。

二、数学应用能力的结构分析

数学应用能力是一种十分复杂的认知技能，从它的心理表征来分析，基本的数学认知操作包括：数学抽象、逻辑推理和建模。因此，数学应用能力的基本成分是数学抽象能力、逻辑推理能力和数学建模能力。复杂的数学应用能力由它们组成。例如，数学证明能力和数学计算能力就是由一系列逻辑推理组成的。在解决实际问题的过程中，往往需要综合运用各种不同的基本知识操作才能完成。

数学抽象包括数量与数量关系的抽象，图形与图形关系的抽象。数学抽象就是把现实世界与数学相关的东西抽象到数学内部，形成数学的基本概念：研究对象的定义，刻画对象之间关系的术语和运算（或操作，指转换性概念）。这是从感性具体上升到理性的思维过程。

逻辑推理是指从已有的知识推出新结论，从一个命题判断到另一个命题判断的思维过程。包括演绎推理和归纳推理。归纳推理是命题内涵由小到大的推理，是一种从特殊到一般的推理，通过归纳推理得到的结论是或然的。借助归纳推理，从经验过的东西出发推断未曾经验过的东西。演绎推理是命题内涵由大到小的推理，是一种从一般到特殊的推理，通过演绎推理得到的结论是必然的。借助演绎推理可以验证结论的正确性，但不能使命题的内涵得到扩张。各种命题、定理和运算法则的形成和应用都是通过推理来实现的。

推理必须合乎逻辑，符合规律性。数学内部的推理必须符合数学规则。应用到某一专业领域内的推理，还必须符合该特定专业领域内的规律性。

数学建模指用数学的概念、定理和思维方法描述现实世界中的那些规律性的东西。

数学模型使数学走出数学的世界，构建了数学与现实世界的桥梁。通俗说，数学模型是用数学的语言表述现实世界的那些数量关系和图形关系。数学模型的出发点不仅是数学，还包括现实世界中的那些将要表述的东西；研究手法需要从数学和现实这两个出发点开始；价值取向也往往不是数学本身，而是对描述学科所起的作用。用数学建模的话说，问题解决也可以简单地表述为建模—解模—验模。

平常所说的数学能力泛指应用数学解决数学以外现实世界中的实际问题和解决数学内部的问题的能力。显然，数学应用能力和数学能力应用范围不同，数学能力包括数学应用能力。二者的基本能力是相同的。

三、数学应用能力与数学知识

数学应用能力是和数学知识结构密切相关的。所谓问题空间，实际上即与问题解决相关的知识网络空间。问题空间中的每一个节点代表一种知识状态，问题解决就是在问题空间中移动节点。即从一个节点移动到另一个节点，使问题解决者达到或进入不同的知识状态。移动本身就是一个搜索过程。在问题解决过程中始终存在着认知操作活动，它包括了一系列有目的指向的、缩小问题空间的搜索及推理判断等思维过程。如果知识结构优化、丰富，则解决问题时，就能迅速地进入问题解决的起始状态，寻找到解决问题的规则，即在知识网络中搜索的距离短，进程快，决策也快，问题解决就容易，效率就高，说明解决问题的能力强。如果没有数学知识，何以谈数学应用能力？从数学的产生和发展看，数学知识和数学应用能力是同生同长，对立统一的。知识是问题解决的基础，是应用能力的基础。反过来，在问题解决过程中，能力又可使知识结构优化、充实。一方面，将与问题解决相关的专业知识融入进来，引起结构重组；另一方面，那些有用的知识会因反复运用变得更牢固。

四、数学应用能力与练习

数学应用能力是技能性的，它的培养和提高必须通过练习。

（一）练习使知识程序化

即将陈述性知识转化为程序性知识，前者在执行时依靠意识驱动，想一步才执行一步，比较慢。后者按“条件上操作”形式满足条件就行动。

（二）使规则合理联结

即将一系列相关的有用的产生式规则合理联结或聚合成更大的产生式规则。一系列产生式规则在成功地操作以后会变得更强更稳定，并又增加了将来遇到类似情境时再运用该规则的概率，使应用能力得以增强。使相关的有用的知识由短时的记忆转为长时记忆。

（三）执行速度快、准确

如果训练有素，则逻辑推理、执行规则快速、流畅，而且条件和操作更加匹配，更善于识别各种条件和条件之间的差异，使操作变得更加精确、适当；数学抽象、建模能力强，转换快，决策快。这些都意味着问题解决能力增强。

在解决实际问题的过程中，人们创造性地应用已有的知识经验，灵活地运用各种认知操作，根据问题情景的需要，重新构建或组合这些知识，创造有社会价值的新产品，这就是创新能力。创新能力是应用能力的最高境界。

五、学生数学应用能力培养与高等数学教学的关系

在高校，数学专业以外的学生数学知识的增长和数学应用能力的增强都是通过高等数学的教学来实现的。由此可以得出如下重要结论：在高等数学教学中，为了加强学生数学应用能力的培养，有两个“必须做到”：①必须重视知识传授，建构优化、实用的高等数学知识结构，这是应用能力培养的基础；②必须加强练习，练习是加强学生数学应用能力的必要途径。这两条是加强学生数学应用能力培养的关键。

在今天高等教育步入大众化阶段的情况下，如绪论所论及的，在地方性普通高校中，特别是有“三本”的院校中，由于学生人数急剧增加，学生中有相当一部分人数学基础差，在高等数学的教学中，忽视能力培养的现象有所加剧，启发性减少了、有的甚至习题课被取消了，严重影响了能力培养功能的发挥。这种靠削弱能力培养加大知识传授力度的做法是违反认知规律的，只会使学生死记、硬背，能力更差，不符合教育的培养目标。因此，如何正确处理好传授知识与培养能力的关系，加强学生数学应用能力的培养，是地方性普通高校高等数学教学改革亟待解决的问题。

讲改革，不是重复过去，停留在原来水平上。改革必须有时代性。即必须与现代科技发展、数学自身发展相适应。要做到这一点，还必须正确处理好数学知识的继承与现代化的关系问题。

归纳起来，用现代认知心理学和课程论、教学论的基本理论作指导，正确处理好传授知识与培养能力的关系，数学知识的继承与现代化的关系，实行教学内容、教学方法和教学模式的改革，构建精简、优化和实用的高等数学的知识结构，建立完备的稳定的能力培养体系。三条渠道协调配合，促进学生数学知识的增长与数学应用能力的增强协调发展，使学生具有扎实的高等数学基础知识、较宽的知识面和较强的数学应用能力。

第四节　高等数学教学与思维能力培养的关系

当一门科学真正被把握且具有某些素质的时候；人们不一定当初就具备了这些素质，而往往在把握的过程中有可能形成这些素质。正是在这个意义上，人们把数学的学习称为思维的体操。经常做数学训练，就是让思维做着体操。

在高等数学知识体系中，许多的数学思想、方法都蕴含在大量的概念、定理、法则与解题过程中。所以，高等数学的教学不仅是知识的灌输，而应该在教学过程中，既传授丰富的知识，又传授基本的数学思想方法，让学生学会去“想数学”，学会运用数学思想方法，获得终身受益的思想方法。

一、命题与推理的教学

判断是肯定或否定思维的对象具有或不具有某种属性的一种思维形式。在数学中，表示判断的语句成为数学命题，因为判断可真可假，所以命题亦可真可假。在数学中，根据已知概念和公理及已知的真命题，遵照逻辑规律运用逻辑推理方法推导得出的真实性命题成为定理。

所谓推理是指由一个或几个已知的判断推导出一个或几个新命题的思维形式，是探求新结果，由已知得到未知的思维方法，在人们的认识过程和数学学习研究中有着巨大的作用，它不但可以使我们获得新的认识，也可以帮助我们论证或反驳某个论断。

一个推理包含前提和结论两个部分，前提是推理的依据，它告诉我们已知的知识是什么；结论是推理的结果，即依据前提所推出的命题，它告诉我们推出的新知识是什么。众所周知，数学是一门论证科学，它的结论都是经过证明才得到肯定的，而证明便是由一系列推理构成的。在数学中，不论是定理的证明，公式的推导，习题的解答以至在实践中运用数学方法来解决问题，都需要用逻辑推理。因此，正确掌握和运用逻辑推理，对于数学学习和提高学生的逻辑论证能力都是非常重要的。

数学中的推理有以下三种分类方法：

(1) 根据推出的知识的性质，推理分为或然性的推理和必然性的推理。如果推理得出的知识是或然性的——其真实性可能对也可能不对，这样的推理称为或然性推理；如果推理得出的知识真实可信，结论正确无误，这样的推理称为必然性推理，也称确实性推理。

(2) 根据推理所依据的前提是一个或多个而将推理划分为直接推理和间接推理。

(3) 根据推理过程的方向，将推理分为归纳推理、类比推理和演绎推理。

以下分别就数学中最常见的归纳推理、类比推理和演绎推理予以论述。

(一) 归纳推理

所谓归纳推理是从特殊事例中概括出一般的原理或方法的思维形式。简言之，归纳推理是由特殊到一般的推理。它从个别的、单一的事物的数与量的性质、特点和关系中，概括出一类事物的数与量的性质、特点和关系，并且由不太深刻的一般到更为深刻的一般，由范围不太大的类到范围更为广泛的类，在归纳过程中，认识从单一到特殊再到一般。总体来说，人们的认识过程是从观察和试验开始的，在观察和试验的基础上，人们的思维便逐步形成了抽象和概括。在把各个对象的特殊情形概括为一般性的认识过程中，便能建立起概念和判断，得出新的命题，在这个过程中离不开归纳推理。

归纳有三个方面的基本作用：

(1) 归纳是一种推理方法，从它可以由两个或几个单称判断或特称判断（前提）得出一个新的全称判断（结论）。

(2) 归纳是一种研究方法，当需要研究某一对象集（或某一现象）时，用它来研究各个对象（或各种情况），从中找出各个对象集所具有的性质（或者那个现象的各种情况）。

(3) 归纳还是一种教育学的方法。

人们为什么运用归纳推理能从个别事例归纳一般性的结论呢？这是因为客观事物中，个别中包含一般，而一般又存在于个别之中，这样一来，同类事物必然存在相同的属性、关系和本质。世间一切现象的发生，并非都是毫无秩序、杂乱无章的，而是有规律的，这一规律性，就表现在各个现象的性质以及各过程的不断重复中，而这种重复性正好成为归纳推理的客观基础。

归纳推理有完全归纳推理和不完全归纳推理：由于观察了某类中全体对象都具有某种属性，从而归纳得出该类也具有这种属性，这种推理称之为完全归纳推理；如果由观察、研究某类中一些事物具有某种属性，就归纳出该类全体也具有这种属性，这种推理称之为不完全归纳推理。

(二) 演绎推理

所谓演绎推理是指根据一类事物都具有的一般属性、关系和本质来推断该类中个别事物所具有的属性、关系和本质的推理方法。简言之，它是从一般到特殊的推理。

演绎推理的典型形式是三段论式。在三段论式中，我们把关于一类事物的一般性判断称作大前提，把关于属于同类事物的某个具体事物的特殊判断称作小前提。把根据一般性判断和特殊判断而对该具体事物做出的新判断称作结论，这样一来之三段论式的结构通常就是由大前提、小前提和结论三部分构成。那么，三段论式推理便是这样一种推理过程：由大前提提供一个关于一类事物的一般性判断，由小前提提供一个关于某个具体事物的特殊判断，然后通过大前提与小前提之间的关系得出结论。三段论式中如果大前提和小前提都真实，则按照三段论式推出来的结论必定真实。因此，三段论式作为演绎推理是一种严谨的推理方法。它是数学中被广泛应用的一种推理方法。

(三) 类比推理

所谓类比推理是指根据两个或两类对象有一部分属性相类似，推出这两个或两类对象的其他属性亦相类似的思维形式。简言之，类比推理是一种从特殊到特殊，从一般到一般的推理。物理学家开普勒说过："我最珍视类比，它是我最可靠的老师。"这就道出了类比在科学中的作用和意义。

科学研究（包括数学学习）本身就是利用现有知识来认识未知对象以及对象未知方面的活动。人们在向未知领域探索的时候，常常把它们与已知领域做对接，找出它们与熟悉对象之间的共同点，再利用这些共同点作为桥梁去推测未知方面。人类的许多发明创造和某一学科的新概念、新体系的提出，开始往往是从相似的事物、对象的类比中得到启发并加以引申，深入下去获得成功的。

利用类比可以使我们获得新知识、新发现，也可以使我们在论证过程中增强说服力。对数学学习来说，类比确实可以帮助学生发现有意义的真命题。况且类比推理常常成为联系着新旧知识的一种逻辑方法，所以它在数学的教与学中是常用的推理方法。如果学生一旦养成了类比的习惯，掌握了一定的方法要领，思路就会变宽，思维就会活跃。因此，类比推理在数学学习中有着重要的意义，它是一种不可缺少的思维形式。

由于类比推理的客观根据只是对象间的类比性，类比性程度高，结论的可靠性程度就高；类比性程度低，结论的可靠性程度就低。对象间的类比可能是主要的、本质的、必然的，也可能是次要的、表象的、偶然的。如果对象间的共有属性是主要的、本质的、必然的，那么结论就是可靠的；如果对象间的共有属性是次要的、表象的、偶然的，那么推移属性就不一定可靠。因此类比推理的结论具有或然性质，可能正确也可能错误，要真正确认结论是否正确，还必须通过证明：所以类比推理不是论证，由类比推理得到的判断，只能作为猜想或假设。

类比法的形式比较简单，因此在数学发现中有着广泛的应用。比如，数与式之间，平面与空间之间，一元与多元之间，低次与高次之间，相等与不相等之间，有限与无限之间等，都可以类比。

定理是数学知识体系中的重要组成部分，也是后继知识的基础和前提，因此，定理教学是整个教学内容中的一个重要环节。所以在定理教学中应注意以下方面。

(1) 要使学生了解定理的由来。数学定理是从现实世界的空间形式或数量关系中抽象出来的，一般说来，数学中的定理在现实世界中总能找到它的原型。在教学中，一般不要先提出定理的具体内容，而尽量先让学生通过对具体事物的观察、测量、计算等实践活动，来猜想定理的具体内容。对有些较抽象的定理，可以通过推理的方法来发现。这样做有利于学生对定理的理解。

(2) 要使学生认识定理的结构。这就是说，要指导学生弄清定理的条件和结论，分析定理所涉及的有关概念、图形特征、符号意义，将定理的已知条件和求证准确而简练地表达出来，特别要指出定理的条件与结论的制约关系。

(3) 要使学生掌握定理的证明思路。定理的证明是定理教学的重点，首先应让学生掌握证明的思路和方法。为此，在教学中应加强分析，把分析法和综合法结合起来使用。一些比较复杂的定理，可以先以分析法来寻求证明的思路，使学生了解证明方法的来龙去脉，然后用综合法来叙述证明的过程。叙述要注意连贯、完整、严谨。这样做，使学生对定理的理解，不仅知其然，而且知其所以然，有利于掌握和应用。如利用极限的 $\varepsilon-N$、$\varepsilon-\delta$ 定义去验证极限时采用的就是分析综合法。

(4) 要使学生熟悉定理的应用。一般说来，学生是否理解了所讲的定理，要看他是否会应用定理，事实上，懂而不会应用的知识是不牢靠的，是极易遗忘的。只有在应用中加深理解，才能真正掌握，因此，应用所学定理去解答有关实际问题，是掌握定理的重要环节。在定理的教学中，一般可结合例题、习题教学，让学生动脑、动口、动笔，领会定理的适用范围，明确应用时的注意事项。把握应用定理所要解决问题的基本类型。

(5) 指导学生整理定理的系统。数字的系统性很强，任何一个定理都处在一定的知识系统之中。要让学生弄清每个定理的地位和作用以及定理之间的内在联系，从而在整体上、全局上把握定理的全貌。因此，在定理教学过程中，应瞻前顾后，搞清每个定理在知识体系中的地位和作用，指导学生在每个阶段总结时，运用图示、表解等方法，把学过的定理进行系统地整理。

公式是一种特殊形式的数学命题。不少公式也是以定理的形式出现的，如微分公式、牛顿—莱布尼兹公式、傅立叶级数展开公式等，因此，如上所述的定理教学的要求，同样也适用于公式教学。由于公式还具有一些自身的特点，所以在公式的教学中，要重视公式的意义，掌握公式的推导；要阐明公式的由来，指导学生善于对公式进行变形和逆用；注意根据公式的外形和特点，指导学生记忆公式。如分部积分公式、向量叉积计算公式的记忆特征等。

此外，还应注意考虑以下若干问题：

(1) 定理或公式的条件是什么，结论是什么，它是怎样得来的？

(2) 定理或公式的结论是怎样证明的，证明的思路是怎样想到的，能不能用别的方法来证明，它和以前学过的某些定理、公式有何本质上的联系？

(3) 定理或公式有什么特点，适用于解决哪些类型的问题？应用时有哪些注意事项？

(4) 根据学生的实际情况，有时还可以适当加强或减弱定理的条件，看看能得到什么有益的结论。

二、数学中的矛盾概念与反例

美国数学家盖尔鲍姆与奥姆斯特德在《分析中的反例》一书中指出：“数学由两个大类——证明和反例组成，而数学发现也是朝着两个主要的目标——提出证明和构造反例。”数学中的反例，是指出某个数学命题不成立的例子，是对某个不正确的判断的有力反驳。对于数学概念、定理或公式的深刻理解起着重要的作用，给学生留下的生动印象是难以磨灭的。正如《分析中的反例》的作者所言：“一个数学问题用一个反例解决，给人的刺激犹如一出好的戏剧。”让人从中“得到享受和兴奋”。

反例与特例或反驳、反设与反证、伪证在高等数学中随处可见，作为数学猜想、数学证明、数学解题时的一种补充和思维的工具，作为培养学生的创新思维意识是值得重视的一个方面。历史上最著名的反例之一是由德国数学家魏尔斯特拉斯于 1860 年构造的处处连续而又处处不可微的函数：

$$f(x)=\sum_{n=1}^{(x)} b^n\cos(a^n\pi x),$$

其中 b 为奇数，$0<a<1$，且 $ab>1+\frac{3}{2}\pi$。

数学是一种智巧，要举出不同层次数学对象的反例需要一定的数学素养。寻求（或构造）反例的过程既需要数学知识与经验的积累，也需要发挥诸如观察与比较、联想与猜想、逻辑与直觉、逆推、反设、反证以及归纳、演绎、计算、构造等一系列辩证的互补的数学思想方法与技巧。作为反例与矛盾概念的教学，一般要掌握这样三点：第一，它是相对于数学概念与某个命题而言的；第二，它一个具体的实例，能够说明某一个问题；第三，它是一种思想方法，是指出纠正错误数学命题的一种有效方法。一个假命题从不同的侧面可以构造出很多反例，一个反例往往指明一个事例。当命题中有多个条件时，可能会产生多个反例。因为反例是相对于命题、判断而言的，所以我们对反例进行分类时，也应该从数学命题的不同结构以及条件、结论之间的关系中进行归纳与划分。

常将数学中的反例划分为以下三种类型：

（1）基本型的反例。数学命题有四种基本形式：全称肯定判断；全称否定判断；特称肯定判断；特称否定判断。其中，一与四、二与三是两对矛盾关系的判断，符合这种矛盾关系的两个判断可以互相作为反例。如“所有连续函数都是可导函数”，这是一个全称肯定判断；其特称否定判断：“有连续函数 $f(x)=|x|$ 在 $x=0$ 点不可导”，就是前者的反例。

（2）关于充分条件假言判断与必要条件假言判断的反例。充分条件的假言判断，是断定某事物情况是另一事物情况的充分条件的假言判断。可以表述为“有前者，必有后者”。但是“没有前者，不一定没有后者”，可以举反例“没有前者，却有后者”说明之。这种反例成为关于充分条件假言判断的反例。

（3）条件改变型反例。当数学命题的条件改变（增减或伸缩）时，结论不一定正确。为了说明这个事实所要举出的反例，称为条件改变型反例。这种方法在阐述一些数学基本理论时会经常使用。

从数学方法和教学角度看，反例在数学中的作用是不可忽视的，其作用可以概括为以下三个方面：

（1）发现原有理论的局限性，推动数学向前发展。数学在向前发展过程中，要同时做两方面的工作，一是发现原有理论的局限性；二是建立新的理论，并为新理论提供逻辑基础。而发现原有理论的局限性，除了生产与科学实验新的需求以外，很大程度上靠举反例来进行。特别在数学发展的转折时期，典型的反例推动着新理论的诞生，如收敛的连续函数级数的和函数，当时连大数学家柯西都认为是连续的，后来却举出了反例，从而引出一致收敛的概念。狄利克雷函数在黎曼意义下不可积，却启发了不同于黎曼积分的新型积分——勒贝格积分的诞生。著名的希尔伯特 23 个数学问题，目前在已获部分解决或完全解决的一多半问题中，反例起到了重要的作用。数学史证明，对数学问题与数学猜想，能举出反例予以否定，与给出严格证明是同等重要的。

（2）澄清数学概念与定理，为数学的严谨性与科学性作出贡献。数学中的概念与定理有许多结构、条件结论十分复杂，使人们不容易理解。反例则可以使概念更加确切与清晰，把定理条件与结论之间的关系揭示得一清二楚。一个数学问题用一个反例予以解决，给人的刺激犹如一出好的戏剧，使人终生难忘。

（3）数学中注意适当引用反例，能帮助学生加深对数学知识的理解与掌握，提高数学修养。数学是一门严密的抽象的思维科学，它有自己独特的思维方法，不能凭直观或想当然去理解它，否则往往会“差之毫厘，失之千里”。因此，在数学教学中，让学生掌握严密的逻辑推理和各种思维方法的同时，学会举反例亦十分重要。特别在概念与定理的教学中，构造出巧妙的反例，能使概念与定理变得简洁明快，容易掌握。在习题训练的教学中，举反例是反驳与纠正错误的有效办法，是学生进行创造性学习的有力武器。

三、数学思维与数学思想方法

学习数学，不仅要掌握数学的基本概念、基本知识和重要理论，而且要注重培养数学思想，增强数学素质，提高数学能力。数学教学的效果和质量，不仅仅表现为学生深刻而熟练地掌握总的数学学科的基础知识和形成一定的基本技能，而且表现为通过教学发展学生的数学思维和提高能力。

数学的教学过程中，经常采用的思维过程有：分析—综合过程，归纳—演绎过程，特殊一概括过程，具体一抽象过程，猜测一搜索过程，并且还会充分运用概念、判断、推理等的思维形式。从思维的内容来看，数学思维有三种基本类型：一是确定型思维，二是随机型思维，三是模糊型思维：所谓确定型思维，就是反映事物变化服从确定的因果联系的一种思维方式，这种思维的特点是事物变化的运动状态必然是前面运动变化状态的逻辑结果。所谓随机型思维，就是反映随机现象统计规律的一种思维方式。具体来说，就是事物的发展变化往往有几种不同的可能性，究竟出现哪一种结果完全是偶然的、随机的，但是某一种指定结果出现的可能性则是服从一定规律的。就是说，当随机现象由大量成员组成，或者成员虽然不多，但出现次数很多的时候就可以显示某种统计平均规律。这种统计规律在人们头脑中的反映就是随机型思维。确定型思维和随机型思维，虽然有着不同的特点，但它们都是以普通集合论为其理论基础的，都可以分明地精确地进行刻画，但是在客观现实中还有一类现象，其内涵、外延往往是不明确的，常常呈现“亦此亦彼”性。为了描述此类现象，人们只好使用模糊集论的数学语言去描述，用模糊数学概念去刻画。从而创造了对复杂模糊系统进行定量描述和处理的数学方法。这种从定量角度去反映模糊系统规律的思维方式就是模糊型数学思维。上述三种思维类型是人们对必然现象、偶然现象和模糊现象进行逻辑描述或统计描述或模糊评判的不可缺少的思维方法。

数学思维的方式，可以按不同的标准进行分类。按思维的指向是沿着单一方向还是多方向进行，可以划分为集中思维（又叫收敛思维）与发散思维；根据思维是否以每前进一步都有充足理由为其保证而进行，可以划分为逻辑思维与直觉思维；根据思维是依靠对象的表征形象或是抽取同类事物的共同本质特性而进行，可以划分为形象思维与抽象思维。现在有人又根据思维的结果有无创新，将其划分为创造性思维与再现性思维。

（一）集中思维和发散思维

集中思维是指从同一来源材料探求一个正确答案的思维过程，思维方向集中于同一方向。在数学学习中，集中思维表现为严格按照定义、定理、公式、法则等，使思维朝着一个方向聚敛前进，使思维规范化。

发散思维是指从同一来源材料探求不同答案的思维过程，思维方向发散于不同的方面。在数学学习中，发散思维表现为依据定义、定理、公式和已知条件，思维朝着各种可能的方向扩散前进，不局限于既定的模式，从不同的角度寻找解决问题的各种可能的途径。

集中思维与发散思维既有区别，又是紧密相连不可分割的。例如，在解决数学问题的过程中，解答者希望迅速确定解题方案，找出最佳答案，一般表现为集中思维；他首先要弄清题目的条件和结论，而在这个过程中就会有大量的联想产生出来，这表现为发散思维；接下来他若想到有几种可能的解决问题的途径，这仍表现为发散思维；然后他对一个或几个可能的途径加以检验，直到找出正确答案为止，这又表现为集中思维。由此可见，在解决问题的过程中，集中思维与发散思维往往是交替出现的。当然，根据问题的性质和难易程度，有时集中思维占主导地位，有时发散思维占主导地位。通常，在探求解题方案时，发散思维相对突出，而在解题方案确定以后，在具体实施解题方案时，集中思维相对突出。

(二) 逻辑思维与直觉思维

逻辑思维是指按照逻辑的规律、方法和形式，有步骤、有根据地从已知的知识和条件推导出新结论的思维形式。在数学学习中，这是常运用的，所以学习数学十分有利于发展学生的逻辑思维能力。直觉思维是未经过一步步分析推证，没有清晰的思考步骤,，而对问题突然间的领悟、理解得出答案的思维形式。通常把预感、猜想、假设、灵感等都看作直觉思维。亚里士多德曾说过："灵感就是在微不足道的时间里通过猜测而抓住事物本质的联系。"布鲁纳说："在数学中直觉概念是从两种不同的意义上来使用的：一方面，说某人是直觉的思维者，意即他花了许多时间做一道题目，突然间做出来了，但是还须为答案提供形式证明。另一方面，说某人是具有良好直觉能力的数学家，意即当别人向他提问时，他能够迅速做出很好的猜想，判定某事物是不是这样，或说出在几种解题方法中哪一种有效。"直觉思维往往表现在长久沉思后的"顿悟"，它具有下意识性和偶然性。没有明显的根据与思索的步骤，而是直接把握事物的整体，洞察问题的实质，跳跃式地突如其来地迅速指出结论，而很难陈述思维的出现过程。

布鲁纳在分析直觉思维不同于分析思维（即逻辑思维）的特点时，指出："分析思维的特点是其每个具体步骤均表达得很清晰，思考者可以把这些步骤向他人叙述。进行这种思维时，思考者往往相对地完全意识到其思维的内容和思维的过程。与分析思维相反，直觉思维的特点却是缺少清晰的确定步骤，它倾向于首先就一下予以对整个问题的理解为基础进行思维，人们获得答案（这个答案可能对或错）而意识不到他赖以求得答案的过程（假如一般来讲这个过程存在的话）。通常，直觉思维基于对该领域的基础知识及其结构的了解，正是这一点才使得一个人能以飞跃、迅速越级和放过个别细节的方式进行直觉思维；这些特点需要用分析的手段——归纳和演绎对所得的结论加以检验。"直觉思维在解决问题中有重要的作用，许多数学问题，都是先从数与形的直觉感知中得到某种猜想，然后再进行逻辑证明的。因此，培养学生的直觉思维与逻辑思维不能偏废，应该很好结合起来。

(三) 抽象思维与形象思维

形象思维是指通过客体的直观形象反映数学对象"纯粹的量"的本质和规律性的关系的思维。因此形象思维是与客体的直观形象密切联系和相互作用的一种思维方式。

数学形象性材料，具有直观性、形象概括性、可变换性和形象独创性（主要表现为几何直觉），而与数学抽象性材料（如概念、理论）不同。所以抽象思维所提供的是关于数学的概念和判断，而形象思维所提供的却是各种数学想象、联想与观念形象。

在数学教育中，一直是抽象逻辑思维占统治地位，难道形象思维在教学中就不能为自己争得一席之地吗？其实不然。那么，形象思维的科学价值和教育意义又何在呢？

(1) 图形语言和几何直观为发展数学科学提供了丰富的源泉。数学科学发展的历史告诉人们，许多数学科学概念脱离不开图形语言（其中尤其是几何图形语言），许多数学科学观念的形成也都是由借助图形形象而触发人的直觉才促成的。如证明拉格朗日微分中值定理时所构造的辅助函数，无疑受几何图形的启示。

在现代数学中经常出现几何图形语言的原因，不仅仅是由于有众多的数学分支是以几何形象为模型抽象出来的，而且由于图像语言是与概念的形成紧密相连的。代数和分析数学中经常出现几何图形语言，显示了在某种意义上几何形象的直觉渗透到一切数学中。为什么像希尔伯特空间的内积和测度论的测度，这样一些十分抽象的概念，在它们的形成和对它们的理解过程中，图形形象仍然保持其应有的活力呢？显然，这是因为图形语言所能启示的东西是很重要的、直观的和形象有趣的。

（2）图形是数学和其他自然科学的一种特殊的语言，它弥补了口述、文字、式子语言的不足，能处理一些其他语言形式无法表达的现象和思维过程正像符号语言由于文字符号参加运算使数学思维过程变得简单一样，数学图形语言具有直观、形象，易于触发几何直觉等特点和优点。如计算积分时，先画出积分区域，对选择积分顺序是十分有益的。学生学会用图形语言来进行思考，同会用符号语言来进行思考一样，对人类的发展进步都是极为重要的。

（3）如果说符号语言具有抽象的特点，那么数学中的图形语言则具有直观形象的特点，发展这两种语言都是重要的。发展符号语言有利于抽象思维的发展，发展图形语言却有利于形象思维的发展。

（4）正如前述，人们在思考问题过程中，视觉形象、经验形象和观念形象是经常起作用的。例如，学生在学习数学过程中，尤其在解题时这种形象往往浮现在眼前，活跃在脑海中，用以搜寻有用的信息，激活解题思路。对于典型解法、解题经验等形象有时虽然时隔已久，但在用得着时，这种形象便会复活起来，跃然纸上。不仅如此，学生学习数学时，还常常表现出一种趋向：对抽象的数学概念总喜欢从几何上给出形象说明，即几何意义，有时即便是纯代数问题，也会唤起他们的几何形象。

综上所述，形象思维不仅对数学科学有很高的科学价值，而且对培养教育人才具有十分重要的意义。

数学思想是指对数学活动的基本观点，泛指某些具有重大意义、内容比较丰富、思想比较深刻的数学成果或者是指数学科学及其认识过程中处理数学问题时的基本观念、观点、意识与指向。数学方法是在数学思想指导下，为数学活动提供思路和手段及具体操作原则的方法。二者具有相对性，即许多数学思想同时也是数学方法。虽然有些数学方法不能称为数学思想，但大范围内的数学方法也可以是小范围内的数学思想。大家知道，数学知识是数学活动的结果，它借助文字、图形、语言、符号等工具，具有一定的表现形式。数学思想方法则是数学知识发生过程的提炼、抽象、概括和升华，是对数学规律更一般的认识，它蕴藏在数学知识之中，需要学习者去挖掘。

在高等数学中，基本的数学思想有：变换思想、字母代数思想、集合与映射思想、方程思想、因果思想、递推思想、极限思想、参数思想等。基本的数学方法，除了一般的科学方法——观察与实验、类比与联想、分析与综合、归纳与演绎、一般与特殊等之外，还有具有数学学科特点的具体方法——配方法、换元法、数形结合法、待定系数法、解析法、向量法、参数法等。这些思想方法相互联系、沟通、渗透、补充，将整个数学内容构成一个有机的、和谐统一的整体。

数学思想方法的学习，贯穿于数学学习的始终。某一种思想方法的领会和掌握，需经较长时间、不同内容的学习过程，往往不能靠几次课就能奏效。它既要通过教师长期的、有意识的、有目的地启发诱导，又要靠学生自己不断体会、挖掘、领悟、深化。数学思想方法的学习和掌握一般经过三个阶段。

（1）数学思想方法学习的潜意识阶段。数学教学内容始终反映着两条线，即数学基础知识和数学思想方法。数学教材的每一章节乃至每一道题，都体现着这两条线的有机结合，这是因为没有脱离数学知识的数学思想方法，也没有不包含数学思想方法的数学知识。在数学课上，学生往往只注意了数学知识的学习，注意了知识的增长，而未曾注意联想到这些知识的观点以及由此出发产生的解决问题的方法与策略。即使有所觉察，也是处于“朦朦胧胧”“似有所悟的境界”。例如，学生在学习定积分概念时，虽已接触“元素法”的思想：以直线代替曲线、以常量代替变量，但尚属于无意识的接受，知其然不知其所以然。

（2）数学思想方法学习的明朗化阶段。在学生接触过较多的数学问题之后，数学思想方法的学习逐渐过渡到明朗期，即学生对数学思想方法的认识已经明朗，开始理解解题过程中所使用的探索方法与策略，并能概括、总结出来。当然，这也是在教师的有意识的启示下逐渐形成的。

（3）数学思想方法学习的深刻化阶段。数学思想方法学习的进一步的要求是对它深入理解与初步应用。这就要求学习者能够依据题意，恰当运用某种思想方法进行探索，以求得问题解决。实际上，数学思想方法学习的深化阶段是进一步学习数学思想方法的阶段，也是实际应用思想方法的阶段。通过这一阶段的学习，学习者基本上掌握了数学思想方法，达到了继续深入学习的目的。在“深化期”，学习者将接触探索性问题的综合题，通过解这类数学题，掌握寻求解题思路的一些探索方法。

四、数学能力的培养与发展

能力往往是指一个人迅速、成功地完成某种活动的个性特征。而数学能力是指一个人迅速、成功地完成数学活动（数学学习、数学研究、数学问题解决）的一种个性特征。数学能力从活动水平上可以分为“再造性”数学能力和“创造性”数学能力。所谓再造性数学能力是指迅速而顺利地掌握知识、形成技能和灵活运用知识、技能的能力。这通常表现为学生学习数学的能力。所谓创造性数学能力是指在数学研究活动中，发现数学新事实、创造新成果的能力。显然，这两种能力既有联系又有区别。一般来说，再造性数学能力并不等于创造性数学能力，但创造性数学能力的提高需要再造性数学能力为基础。因此，对高等数学教学来说，再造性数学能力当然是重要的，因为它是创造性数学能力的基础，但创造性数学能力的培养也不可小视。

数学能力从结构上可以分为：数学观察能力、数学记忆能力、逻辑思维能力、空间想象能力。有人也将运算能力和解题能力归入其中，本书仅对前四种能力给予讨论。

（一）数学观察能力

观察是一种有目的、有计划、持久的知觉活动。数学观察能力，主要表现在能迅速抓住事物的“数”和“形”这一侧面，找出或发现具有数学意义的关系与特征；从所给数学材料的形式和结构中正确、迅速地辨认出或分离出某些对解决问题有效的成分与“有数学意义的结构”。数学观察能力是学生学习数学活动中的一种重要智力表现，如果学生不能主动地从各种数学材料中最大限度地获得对掌握数学有用的信息，要想学好数学那将是困难的。为了有效地发展学生的数学观察能力，数学教学除了注意培养学生观察的目的性、持久性、精确性和概括性外，还必须注意引导学生从具体事实中解脱出来，把注意力集中到感知数量之间的纯粹关系上。

（二）数学记忆能力

所谓记忆，就是过去发生过的事情在人的头脑中的反映，是过去感知过和经历过的事物在人的头脑中留下的痕迹。数学记忆虽与一般记忆一样，经历识记、保持、再认与回忆三个基本阶段，但仍具有自身的特性。首先，从记忆的对象来看，它所识记的是通过抽象概括后用数学语言符号表示的概念、原理、方法等的数学规律和推证模式与解题方法，完全脱离了具体内容，具有高度的抽象性与概括性。其次，要把识记的数学知识、思想方法保持巩固下来，能随时提取与应用，就必须理解用数学语言符号所表示的数学内容与意义，否则就难以保持、巩固，更不可能用它来解决问题。最后，数学记忆具有选择性与组织性，即把所学数学知识进行思维加工，精练、概括有关的信息，略去多余的信息，提炼出知识的核心成分，分层次组成一个知识系统，以便于保持与应用。数学记忆能力就是指记忆抽象概括的数学规律、形式结构、知识系统、推证模式和解题方法的能力。

因此，数学记忆的本质在于，对典型的推理和运算模式的概括的记忆。正像俄罗斯数学家波尔托夫所指出的：“一个数学家没有必要在他的记忆中保持一个定理的全部证明，他只需记住起点和终点以及关于证明的思路。”

（三）逻辑思维能力

逻辑思维是在感性认识的基础上，运用概念、判断、推理等形式对客观世界的间接的、概括的反映过程。它包括形式思维和辩证思维两种形态。形式思维是从抽象同一性，相对静止和质的稳定性等方面去反映事物的；辩证思维则是从运动、变化和发展上来认识事物的。在数学发现中，既需要形式思维，也需要辩证思维，二者是相辅相成的。因为数学是一门逻辑性很强、逻辑因素十分丰富的科学，因此，一般来说，数学对发展学生的逻辑思维能力起着特殊的重要作用，这是因为在学习数学时一定要进行各种逻辑训练。

数学教学，所谓教，从根本上来说，就是教学生学会思维。而教会学生思维，重要的是教会推理，因为，推理能力是思维能力的核心。教会学生懂得什么叫“推理论证”不是一件轻而易举的事情，这种能力的形成不仅要贯穿在整个教学过程中，而且尤其集中体现在解题教学中。因为，实践证明解题是发展学生思维和提高他们的数学能力的最有效的途径之一。逻辑思维能力主要包括分析与综合能力，概括与抽象能力，判断能力与各种推理能力。下面我们就来分别阐述这几种能力：

1. 分析与综合能力

在数学中，所谓分析，就是指由结果追溯到产生这一结果的原因的一种思维方法。用分析法分析数学问题时，经常是将需要证明的命题的结论本身作为论证的出发点，通过逻辑证明的步骤，把这个命题归结为已知的真命题。所谓综合，就是指从原因推导到由原因产生的结果的一种思维方法。用综合法证明数学问题时，一般是先找出适当的真命题（通过分析法来找），按照逻辑论证的步骤，逐步将这个真命题变形到我们需要证明的结论上去。

人们在思考实际问题的过程中，分析与综合往往是结合起来使用的，分析中有综合，综合中也有分析。不过在证明数学问题时，一般先用分析法来分析论题，找出使结论成立的必要条件，然后用综合法进行表述，同时证明条件是充分的，从而完成了证明。这样便为人们证明问题提供了一个完整的思考问题的过程。如果这种分析—综合机能，以一定的结构形式在一个人身上固定下来，形成一种持久的、稳定的个性特征，这便是分析—综合能力。利用极限定义验证极限时所采用的方法就充分体现了这种能力。在数学学习中这是一种基本而又十分重要的能力。分析与综合有着很高的科学价值和认识价值，因为分析是通向发现之路，而综合是通向论证之路。

2. 概括与抽象能力

所谓概括，就是指摆脱开具体内容，并且在各种对象、关系运算的结构中，抽取出相似的、一般的和本质的东西的思维过程。人们在对数学对象进行概括时，一方面必须注意发现数学对象之间相似的情境，另一方面必须掌握解法的概括化类型和证明或论证的概括化模式。如果这种概括技能以某种结构形式在一个人身上固定下来，形成一种持久的、稳定的个性特征，这就是概括能力。概括能力一般表现为：①从特殊的和具体的事物中，发现某些一般的，他已经知道的东西的能力，也就是把个别特例纳入一个已知的一般概念的能力；②从孤立的和特殊的事物中看出某些一般的，尚未为他所知道的东西的能力，也就是从一些特例推演出一般，并形成一般概念的能力。

所谓抽象，就是在头脑中舍弃所研究对象的某些非本质的特征，揭示其本质特征的思维过程。抽象是以一般的形式反映现实，从而是对客观现实的间接的、媒介的再现。对感觉的经验与实践所得到的映像，进行抽象的思考，经过这样的过程得到的认识，却比直接的感性经验更深刻、更正确地反映现实。

抽象反映在思维过程中表现为善于概括归纳，逻辑抽象性强，善于抓住事物的本质，开展系统的理性活动。如果这种抽象的机能以一定的结构形式在个体身上固定下来，形成一种持久的、稳定的个性特征，这就是抽象能力。

从一定意义上来讲，概括和抽象是数学的本质特征，数学思维主要是概括和抽象思维。因为数学是最抽象的科学，数学全部内容都具有抽象的特征，不仅数学概念是抽象的、思辨的，就连数学方法也是抽象的、思辨的。从具体材料中，即从数、已知图形、已知关系中进行抽象的能力是一项重要的数学能力。我们必须运用抽象思维来学习数学，同时在学习数学的过程中来培养和提高抽象思维的能力。

3. 判断与推理能力

所谓判断，就是反映对象本身及其某些属性和联系存在或不存在的思维形式。数学中的判断，通常称为命题。数学命题是反映概念之间的逻辑关系的。掌握命题的结构、命题的基本形式及其关系以及数学命题中充分条件和必要条件等都是数学判断的基本内容。在思维中，概念不是毫无关联地堆积在一起的，而是以一定的方式彼此联系着的。判断是概念相互联系的形式。每一个判断中都确定了几个概念之间的某种联系或关系，而且判断本身就肯定这些概念所包含的对象之间存在联系和关系。如果这种判断机能以某种结构形式在个体身上固定下来，形成一种持久的、稳定的个性特征，这就是判断能力。

所谓推理，就是由一个或几个判断推出另一个新的判断的思维过程。思维之所以得以实现概括地、间接地认识过程，主要是由于有推理过程存在。在数学中，提出问题，明确问题、提出假设，检验假设，这一系列思维过程的完成，主要的途径也是依靠了逻辑推理。

数学中的正确推理要求前提真实，并且遵循逻辑规则来正确运用推理形式，以得出真实的结论。根据已经建立的概念及已经承认的真命题，遵循逻辑规律运用正确逻辑推理方法来证明命题的真实性，是探索数学新事实和学习数学的重要的思维过程。如果这种推理的机能以一定的结构形式在个体身上固定下来，形成一种持久的、稳定的个性特征，这就是推理能力。在数学中，不论是定理的证明、公式的推导、习题的解答，还是在实际工作中与数学有关的问题的提炼与解决，都需要逻辑推理能力。

4. 空间想象能力

空间想象能力，是指人们对于客观存在着的空间形式，即物体的形态、结构、大小、位置关系，进行观察、分析、抽象、概括，在头脑中形成反映客观事物的形象和图形，正确判断空间元素之间的位置关系和度量关系的能力。在数学中，空间想象能力体现为在头脑中从复杂的图形中区分基本图形，分析基本图形的基本元素之间的度量关系和位置关系（垂直、平行、从属及其基本变化关系等）的能力；借助图形来反映并思考客观事物的空间形状和位置关系的能力；借助图形来反映并思考用语言或式子来表达空间形状和位置关系的能力。空间形状和位置关系的直观想象能力在数学中是基本的、重要的，对学生来说，这种能力的形成也是较为困难的。

在数学教学中，培养学生的空间想象能力，主要有以下几方面的要求：

（1）能想象出几何概念的实物原型。

（2）熟悉基本的几何图形，能正确地画图，在头脑中分析基本图形的基本元素之间的位置关系和度量关系并能从复杂的图形中分解出基本图形。

（3）对于客观存在着的空间模型，能在头脑中正确地反映出来，形成空间观念。

（4）能借助图形来反映并思考客观事物的空间形状及位置关系。

（5）能借助图形来反映并思考用语言或式子所表达的空间形状及位置关系。

发展和提高学生的数学能力，是数学教育目标的一个重要组成部分，这是因为在科学技术迅猛发展，知识更新加剧的现代社会，学生在校学习掌握的知识技能不可能一劳永逸地满足其一生工作的需要，所以学校的教育要授人以“渔”，要“教会学生如何学习，培养学生自主学习的能力”。

第二章　高等数学的教学主体改革策略

第一节　高等数学教学的主导——教师

一、高等数学教学中发挥教师主导作用的探索

高等数学是大学课程中一门普及而重要的基础课，而不少学生认为高等数学课枯燥乏味，心生厌倦。对于这门集严谨性、抽象性于一身的高等数学课而言，老师上课只注重“教”、轻学生“学”；重知识结论、轻思想方法渗透；重知识训练、轻情感激励；重个体独立钻研、轻群体合作探究；教师苦教，学生苦学，结果是付出多、回报少，学生学来的只是应试的数学，并不能真正体会数学的精髓，学生的素质得不到全面发展要改变以上状况，必须通过教育者观念的转变，教学方式的革新来实现。我认为当注重以下几点：

（一）端正学生的学习态度

学习态度直接影响学生的学习效果，学习态度对学习效果的影响作用，已被许多实验研究所证实如果其他条件基本相同，学习态度好的学生，其学习效果总是远胜于学习态度差的学生。而良好的学习环境和学习氛围，能使学生互相影响，形成良好的学习态度。一个人的态度总会受到社会上他人的态度的影响。所以，多关心学生的学习进展情况，对学生的学习态度和学习行为不断给予指导、检查和奖惩；同时，注意师生关系的和谐、融洽，学生喜欢任课教师，就会喜欢他所教的那门课，从而促进学生积极学习态度的形成和学习成绩的提高。相反，对学生的学习不闻不问、任其自由发展，或师生关系紧张，学生就会对该教师产生反感、惧怕或抵触情绪，并进而发展到厌烦该教师所教的那门功课，对该门功课采取消极的态度。在这种情况下，容易构成学生与学习之间的障碍，很少有积极的学习态度和获得优秀的学习成绩。

再者，提高学生的自我效能感，让学生体验成功，逐渐消除学习中的消极情绪。自我效能感指人对自己是否能够成功地进行某一成就行为的主观判断。成功的经验会提高人的自我效能感，失败的经验则会降低人的自我效能感，不断的成功会使人建立其稳定的自我效能感。要提高这些学生的自我效能感，教师就要正确地对待他们，当他们学习上受挫、考试成绩不佳时，切忌进行谴责和奚落，以防其消极情绪体验的产生。要帮助他们找出学习失败的原因，指导他们改变学习方法，增强信心。更重要的是，教师要在教学过程中创造各种情境，使他们在学习上不断获得成功，以产生积极的情绪体验，从而转变其消极的学习态度。

（二）转变传统的教学理念，注重教学方法的灵活应用

教学中应采用多种方法，如：问题式、启发式、对比式、讨论式等教学方法。同

时，组织班级成立课外学习小组，引导学生用所学的知识点建立相应的数学模型来解决实际问题。通过让学生参与教学活动，解决生活中的实际问题等措施，引导学生对问题深入思考和探究，开发了学生的潜能。通过学生之间的相互学习，分工合作，促进了学生对所学知识的深刻领悟，体会其精髓。并且，根据数学课程教学的特点，充分利用技术手段，引进和自制课件，强调以教师的讲课思路和特色为主，通过精心设计教学内容，恰当地使用多媒体教学，可以很大程度地提高学生的学习兴趣和教学效果。

（三）重视数学思想方法的渗透

数学思想方法是形成良好认知结构的纽带，是知识转化为能力的桥梁，也是培养学生数学素养、形成优良思维品质的关键。

1. 在概念教学中渗透数学思想方法

如定积分的定义由曲边梯形的面积引出。实际上分为四大步：分解、近似、求和、取极限，就是把复杂的问题转化为简单已知的问题求解。这种思想方法也同样适用于二重积分、三重积分、线积分、面积分的定义，定义时和定积分定义的思想方法加以比较，使学生看到这几个定义的实质。在知识点对比过程中提炼升华数学思想方法。

2. 在知识总结中概括数学思想方法

数学知识不是孤立、离散的片段，而是充满联系的整体，在知识的推导、扩展、应用中存在着数学思想方法，需要学生在知识总结与整理中去提炼升华数学思想方法，加深对知识点的理解。例如：在微分中值定理学习之后，对罗尔中值定理、拉格朗日中值定理、柯西中值定理之间的关系以及包含的数学思想方法进行总结，使学生从定理的证明与联系中体会到化归思想、构造思想与转化思想等，这样学生学到的是终身受用的灵活的解决问题的能力。

总之，要提高教学质量，教师不仅要有渊博扎实的专业知识，还要改变教育教学观念，有过硬的教学基本功，这就要求我们注重专业知识和教育理论的学习，真正使自己更上一层楼。

二、高等数学教师教学研究能力的认识与实践

高等数学教师主要指在高等学校从事非数学专业所开设的数学课程教学的教师。高等数学课程包括微积分、微分方程、线性代数、概率统计等。这些课程都是高等学校十分重要的基础课程，它承载着双重重任：既要为各个专业的学生学习后继课程提供数学基础知识、基本方法，同时还要培养学生的科学素质，以便他们可在各自的专业领域内进行科学研究和科技创新。具体地说就是在数学中所得到精神、思想和方法在其他领域里的迁移。所以，高等数学教师的素质应是很高的，他们不同于专业数学教师，后者的教学对象是数学系的学生，而前者的教学对象是各个专业的学生，这就要求高等数学教师必须是通才、全才，他们不仅要有扎实的数学功底，还要熟知相应专业的基本知识，否则就难以胜任。

（一）高等数学教师应具备的素质

高等数学教师的素质应包括三个方面：一是基本素质，主要指教师所应具备的基

本的科学知识和人文知识、外语知识以及现代教育技术知识。二是数学素质，主要指能胜任高等数学课所需要的数学学科知识，包括教师对数学的精神、思想和方法的领悟，对数学史的了解，对数学的科学价值、人文价值、应用价值的认识，还包括相当的数学解题能力和数学探究能力。这是高等数学教师专业内在结构的重要组成部分。三是教学素质，通常也叫条件性知识，是指高等数学教师所应具备的综合的教学实践能力，主要包括教学设计能力、教学操作能力、教学监控能力和教学研究能力。其中，教学研究能力是较高层次的能力，它是在前者基础上逐渐形成的，又反过来指导和服务于前者。下面将重点谈教学研究能力。

教学研究是指教师在教学实践中，运用科学的方法和手段对教育教学问题进行研究和探讨，是为解决教师在教学实践中所遇到或面临的问题而展开的研究，是源于教师解惑的需要且为了改变教师所面对的教育教学情境而进行的研究。它有两种基本形式：集体教学研究和个人教学研究。个人教学研究也可称为自我教学研究。无论哪种形式，其目的都是为了提高教学质量，促进教师的专业成长。特别的，后者还在于通过研究使教师获得一种自我反思和自我批判的可持续发展的学习能力，养成一种反思、追问与探究的生活方式。从这个意义上说，它属于继续教育的范畴。

（二）目前存在的问题

我国的高等教育目前遇到两个问题。

在高等数学教师人群中，除了一些老教师，大部分教师拥有较高的学历，数学专业水平很高，但这其中的大部分人毕业于理工科大学或综合性大学，他们未接受过师范教育，从教师这个专业来看，他们存在着先天不足。上岗前的培训和教师资格证的培训是仓促的、短暂的，是不能解决大问题的。教学的基本技能、教育理念、教育基本理论、心理学的知识不是在几天内就可以内化成教师自己的知识，并在实践中应用的，是需要经过系统的学习、体验、反复实践才能成为一个人生命中的一部分，才能在教学实践中发挥它的作用的。现在高校普遍反映青年教师的教学能力差，与这个因素有很大的关系。

我国高校目前没有完善的教学研究管理体系和教学研究制度。我们知道中小学有完善的教学研究制度和管理体制，区、市、省都有专门的教研部门（如区进修校、市教育学院、省教育学院或教研中心等）各个学科都有专门的教研员负责本学科的教研，层层管理，责任到人。而高校则做不到。即使是高校传统的教学研究活动，如集体备课、观摩评课，也是形同虚设，集体备课只是几个教同一门课的教师在一起把哪些该讲的，哪些不该讲的划一划，统一下习题就完事了；观摩评课也是如此，听完了，打打分，唱唱赞歌了事。所以，高校的目前的教学研究活动是只有活动而没有研究。原本教师在教学研究的过程中是可以提升自己、获得专业成长的，但这种没有研究的教研活动能有这种效果吗？

（三）提高高校教师研究能力的措施

在目前这种状态下，提高教师的教学研究能力既不能靠高校的继续教育制度，也不能靠高校的教学研究制度。主要靠教师自身，教师要想得到专业发展，就要提升自身的素质，特别是青年教师，要完成从新手到胜任，再到专家型的教师的转换，就要加强自身的学习，把提高自身的教学研究能力作为一个突破口，使其从起步开始，就将学生者、实践者、研究者集于一身，这样可大幅缩短适应工作的时间，提前进入胜任阶段，并向专家型教师发展。在自我教研中，教师就是研究者，简单地说，就是在教学中开展自己的研究，发表自己的看法，解决自己的问题，改进自己的教学工作。为此，要做到以下三点：

1. 补上先天不足的营养

这首先要求提高认识，在我们所了解到的人中，还有相当一部分人对此问题缺乏正确的认识，他们对教学法不屑一顾，更谈不上教学研究了，认为讲好数学只要懂数学就行了，只要提高数学学历即可；并认为只要教的时间长了，都会成为好教师的。这显然对教师职业缺乏专业认识，同时混淆了理论指导与教学实践经验的相互作用的关系。所以，每个高等数学教师，尤其是非师范专业毕业的青年教师都要学习教育理论知识，掌握教学基本技能，研究教学法，补上教师专业上的先天营养不足。而教学研究则是提升自身教育素质的最好途径。尤其是自我教研，它最能体现行动研究的特色，教育行动研究就是围绕教师的教育行动展开的，是基于研究问题的解决过程，它的问题都是来源于教师自身的教学遇到的实际问题，在实施过程中教师兼具研究与行动两大侧面，具有研究者和行动者的双重角色。在教学研究中，也即解决问题的行动中，教师不断增长教育实践智慧，专业发展日臻成熟。

2. 主动寻求同伴互助

自我教研并非闭门造车，它应有三种基本途径：专家引领、同伴互助、自我反思。这一点与中小学的校本教研相类似。因高校无专门的教研员，所以，专家引领的机会很少，高校本身不坐班，教师之间的接触和交流很少，要想向同事学习，与同事交流，就要主动。这样，可加强教师之间的专业切磋、协调与合作共同分享经验，互相学习，彼此支持，共同成长。同伴互助的实质是教师之间的交往、互动与合作，它的基本形式是对话与协作。

值得一提的是，在自我探索的过程中，还要参阅大量的第二手材料，学习国内外先进的高等数学教学经验。

3. 不能忽视综合教研

高等数学不同于其他课程，它与其他专业的联系非常紧密，它能为专业课程提供强大的服务功能，然而，现行的高等数学教材是历经几百年千锤百炼而成的经典，它突出了它的基础性，因而也就忽略了专业性，我们几乎见不到专门为哪个专业而编的高等数学教材。但我们的教学对象却是具体的某个专业的学生，特别是职业技术类院校，专业繁纷复杂，层次要求各不一样，所以，要想教学有针对性，从理论上讲，高等数学教研室应与各个专业的教师在一起进行集体综合教研，但从实践上看，由于众多原因，很难实现。因而，这一重任还是应由高等数学授课教师本人承担。一方面，要加强学习，对所教的专业的基本知识和要点要熟知，这样，在高等数学教学中，就可以针对某一专业，选讲一些专业的背景材料，提供专业的数学模型，课堂的效果就会好一些；另一方面，教师要积极与所教专业的专业课教师联系，共同探讨教学问题，如哪些知识在本专业中用得较多，哪些数学方法对解决本专业的问题十分有效，哪些地方是学生的薄弱环节如此的综合教研可共同制定出符合本专业特点的、切实可行的教学改进方案，在实践中定会取得令人满意的效果。我们近些年的经验也验证了这一点。

三、高等数学教师能力素质的培养与提升

高等数学是高等院校一门十分重要的基础课，高等数学教师的自身素质直接影响到高等数学的教学质量。高等数学教师除具有良好的思想素质与心理素质以外，切实加强高等数学教师能力素质的培养是充分发挥教师在教学中的主导作用和提高高等数学教学质量的基本保证。以下仅就专业教学能力、科学研究能力、课堂教学能力以及语言表达能力的培养和提高，谈点粗浅的认识。

（一）奠定专业基础，强化专业教学能力

专业教学能力是指教师准确、熟练地传授专业知识与专业技术的能力。作为一个合格的高等数学教师，除培养学生良好的思想品质以外，其主要任务就是按照教学大纲的要求，准确熟练地把必要的数学知识与技能传授给学生。在课堂教学中，数学科学的严密性容不得教师有丝毫的差错，教学任务的紧迫性不允许教师有半点迟疑。如果教师在数学理论的阐述中吞吞吐吐，在数学公式的推导中漏洞百出，且不要说对学生学习上贻误匪浅，就是对教师本人来说，也是一件极为尴尬的事。所以教育家马卡连柯断言，学生可以原谅老师的严厉、刻板甚至吹毛求疵，但不能原谅他的不学无术。由此可见，良好的专业教学能力是高等数学教师最基本的能力素质。

知识是能力的基础。能力是知识的延伸。良好的专业教学能力首先来自教师精深的专业基础。全面系统地掌握数学专业的学科结构、基本理论与基本方法，并在不断的专业学习与教学实践中培养严谨缜密的逻辑思维能力、高度抽象的空间想象能力和快速准确的运算能力，是对高等数学教师专业素质的基本要求，况且，高等数学教师不像数学专业教师那样专一，教数学分析的专讲数学分析，教微分方程的专讲微分方程，甚至分工更细。而高等数学是高等院校各专业的公共基础课，按照不同专业的要求，几乎要涉及数学学科的各个不同分支。这就要求高等数学教师必须是通才、全才，即不仅能教微积分，也要能教微分方程、线性代数、数理统计等多种内容。而且哪怕是教某种内容的其中某些简单应用，也应对该分支有全面深刻的了解，决不能满足于一知半解，甚至于边教边学，现买现卖。高等数学教师只有具备了这样良好的专业素质，才能在教学中居高临下，驾轻就熟，收到良好的教学效果。

其次，新世纪高新技术的飞速发展，促使知识更新的速度越来越快，高等数学的教学内容与教学手段的改革在所难免。尤其是电脑技术应用于教学，使传统的数学教学面目一新，使原来专业中无法处理的数学问题的解决成为可能，使原来专业中看似与数学无关的问题得以用数学方法进行处理。面对新科学新技术的挑战，高等数学教师早已用得发黄的老教案不再是值得骄傲的经典之作，黑板加粉笔的传统教学模式不再是值得缅怀的传家之宝。专业上崭新的数学问题摆在了面前，多媒体魔术式的过程演示进入了课堂，迫使数学教师必须及时吸收新知识，研究新问题，掌握新技术，探索新方法。

(二) 结合教学实践，培养科学研究能力

高等数学教师的科学研究能力是指其在进行数学教学的同时，从事与数学教学教育相关的各类大小课题的实验、研究及发明创造的能力。这种能力具有十分积极的意义。

首先，高等数学教师积极参加科学研究，才能更好地体现教育为四个现代化服务的指导思想。当今世界各国的高等院校既是教育基地，又是科研中心。我国所有重点院校也都无一例外地承担了大量的科研任务，其科研成果直接服务于四化建设。

其次，教师具有科学研究能力，才能提高教学水平，使教学、科研能力得到同步提高。以教学促进科研，以科研带动教学，才能使教学水平上升到一个新的水准。

再次，教师具有良好的科学研究能力，有利于培养创造性人才。美国未来学家在《大趋势》一书中称“二十一世纪的竞争是人才的竞争”。这种有竞争能力的创造性人才的培养只能依靠具有良好科研能力的教师加以指导和培养。事实上，具有科研能力的教师思维敏捷，动手能力强，实践经验丰富。具有开拓精神，是培养创造性人才不可缺少的基本素质。离开了这些科研能力，教师只能培养出因循守旧、毫无创造精神的庸才。高等数学教师的科学研究能力主要体现在两个方面。一是数学教学理论的研究能力。高等教育的迅猛发展为数学教师在改革传统教育思想和传统教育方法等领域提供了大量的科研课题。数学教师不再是传统的“教书匠”，而应成为新教育思想、教育理论和新教育方法的实验者和研究者。二是数学应用的研究能力，也是高等数学教师最主要的研究能力。高等数学是高等院校各专业一门十分重要的基础课，其本身就肩负着既为学生学习后续课程提供数学基础，又为学生分析和解决专业中的实际问题提供数学手段的重要使命。新世纪电脑技术的迅速发展，各门学科的数量化趋势更促进了数学与其他学科之间的紧密结合，为数学在专业上的应用研究开辟了广阔的前景。高等数学教师应该广泛涉猎各专业的主要专业课程，尤其对其中与数学密切相关的内容要有较深刻的了解。必要时，数学教师可与专业教师紧密配合，对专业上提出来的数学问题共同进行研究与探讨，通过对其中某些数量关系的分析，建立教学模式，为解决专业难题提供数学依据。这样不仅培养了高等数学教师的科学研究能力，又可用以丰富教学内容，使教学能力得到相应的提高。

(三) 学习教育理论，增强课堂教学能力

在教育科学的众多分支中，教育学是教育理论的主要内容，因而也是高等数学教师的必修课。教育学研究教育现象，揭示教育规律，为数学教师探求数学教学规律，确定教学目标与教育方法等提供理论依据。加里宁说，一个教师“具有知识还不能说就够了，这只是说掌握了材料，不待说，材料是很好的。但是还要求有极大的技巧来合理地利用这些材料，以便把知识传授给别人”。这些技巧不只是简单的教学程序和方法，而是包含着严肃而丰富的教育理论与教育规律的运用。通过教育学的学习，教师可以比较系统地了解教育的目的、教育的原则、教学的过程、教学的方法等一系列重要教育理论与教育实践问题，从而能够自觉地运用教育规律，根据教学内容、学生实际，选择切实而有效的教学途径和手段以达到教学的最佳效果。

教育心理学尤其是高等教育心理学，同样是教育科学的重要组成部分，因而也是

高等数学教师的必备知识。高等教育心理学主要研究大学生掌握知识和技能、发展智力和能力、形成道德品质、培养自我意识、协调人际关系的心理规律，揭示学生的学习活动和心理发展与教育条件和教育情境的依存关系，从而使数学教学建立在心理学的基础之上。事实上，高等数学教师要组织好数学课堂教学，离不开对学生心理活动的了解，懂得学生的个性差异及其特点。只有这样才能减少教学工作中的盲目性。例如，由于大学生随着生理与心理的成熟，已基本具备从事复杂、抽象的高级思维活动，对于新的数学概念的引入，教师不必从实例入手，除少数概念外。一般概念只要讲清其内涵与外延，学生大都可以接受。如果所有新概念的引入都从实例出发，势必影响教学进度，甚至引起学生的厌烦情绪，扼杀学生抽象思维的主动性与积极性。

教育理论的内容十分丰富，除教育学与教育心理学外，还有教育社会学、教育经济学、教育统计学、教育人才学、教育哲学、教师心理学、学习心理学、学习学等门类繁多的各种不同分支。广泛涉猎其中有关知识，对高等数学教师探索教学规律，优化课堂教学能力具有十分重要的意义。此外，学习和研究名人名家有关教育思想、教育规律的精辟论述，前人积累的教学经验，还有高等教学法、数学哲学及脑科学等都是高等数学教师掌握认识规律、丰富课堂教学经验、提高课堂教学能力的重要措施。

(四) 把握语言规律，提高语言表达能力

语言表达能力是高等数学教师重要的能力素质之一，是影响课堂教学效果的直接因素，必须引起足够的重视。数学课堂教学语言是一门学问，研究和掌握数学课堂教学语言的内在规律，苦练语言基本功，是高等数学教师提高语言表达能力的有效途径。

数学语言的内在规律，首先在于其严谨性。高等数学本身就是一门极为严谨的学科。教师讲课的口头语言与板书的文字语言都必须以科学原理为依据，绝不可信口开河，以致产生知识性的错误。如说“函数在其连续区间上必有最大值与最小值”就忽略了必须是闭区间的重要条件。其次是逻辑性与条理性，推理依据不足，讲述颠三倒四，都不符合严谨性的要求。三是要注意语言的准确性与完整性。对概念、定理、法则的阐述及对数学专门用语的表述一定要准确规范，不可随意用意义含混的日常用语来代替数学语言，甚至发生语法上的错误。这样必然引起学生思维上的混乱。

数学语言的简洁性是数学教师语言表达能力的重要标志。说话啰唆含混，板书冗长潦草是数学课堂语言之大忌。数学语言并不需要浮华艳丽的辞藻，更不需要漫无边际的旁征博引。它以科学、准确而简洁的特征给人以美感。以明晰的思路、铿锵的语调吸引学生。这就要求教师课前必须认真备课，钻研教材教法，区分难点重点。理顺讲述思路。有了充分的准备，加上平时良好的语言素养，才能使课堂讲授干净利落，有条不紊。

语言也是一门艺术，而且是一门综合性的艺术。在众多的语言艺术中，数学课堂教学语言尤其具有其独特的艺术性。这种独特的艺术性，首先在于数学科学本身就是一门至善至美的科学，数学的简洁美、和谐美、奇异美给人以强烈的艺术享受。所以高等数学的课堂语言应该生动形象，风趣幽默，切忌平铺直叙，单调刻板。教师对概念的表达，方法的描述，公式的推导，必须注意形象性、直观性与惊奇性，运用恰当的比喻、丰富的联想、新奇的质疑，辅以自然的表情、手势及优美的板书，便可对学

生产生强烈的吸引力，收到良好的教学效果。这种语言的艺术性，来源于教师良好的专业素质及文学造诣、演讲口才乃至书法、绘画、音乐等多方面的修养。数学语言的艺术性还在于其丰富的情感色彩。一些人认为，数学语言只不过是一连串符号与公式的堆砌，单调而枯燥，其实这是一种偏见。数学的形成与发展，本身就是一部壮丽的史诗，数学的内容与人类的生产生活实践密切相关，数学的概念和公式定理具有一种特殊的美。教师在讲述到有关内容时，情至深处，必然会慷慨激昂，扣人心弦！

高等数学教师各方面的能力素质并不是孤立的，它们既互相区别又互相联系，互相促进。教师必须同时加强多方面的修养，从严治学，从严治教，苦练基本功，才能使之得到同步发展。实际上，任何一位教师在教学中都会既有成功也有失败。只要认真分析原因，经常对自己的教学进行总结与反思，不断改进自己的教学，充分发挥教师在教学中的主导作用，就一定能使自己的能力素质得以提高。

四、通识教育背景下高等数学教师在教学中的角色转换

通识教育的目的是为了培养健全的人以及自由社会中有健全人格的公民的一种现代大学教育理念，是指现代大学教育中非职业性和非专业性的教育，也就是作为大学生进行本专业学习前的“公共课程”。它具有感悟性、实践性、探讨性等特点，并且都围绕着让学生在这类“公共课程”中获得独立的学术思考能力以及对世界、人生的精神感悟等目标进行教育。数学是一种训练人思维的工具，是将自然、社会、运动现象法则化、简约化的工具，人们运用它来建立数学模型，用来解决实际问题。通过数学的学习，可以使人的思维更具有逻辑性和抽象概括性，更精练简洁，更能创造性地解决问题。

正确理解通识教育的含义与价值目标，有助于通识教育改革在科学思想的指导下顺利开展。通识教育是为更高级的专业教育服务的，通识教育不是“通才教育”，也不必然排斥专业教育，且通识教育最终必然走向专业教育。高等数学作为高校通识教育的核心课程，其目的是使学生学会数学知识并能灵活运用。教学的开放首先需要思想的开放，不同的教学思路和教学方法会产生不同的教学结果。为了更好地培养学生适应社会的能力，更有效地培养他们的创造性，我们需要更开放的数学教育。所以，高等数学教学在通识教育中绝不能开成普及性的知识讲座，而应当充分具备体验性与实践性。

高校高等数学教师参与通识教育的积极性不高，因为他们从中得到的回报和激励较少。因此，这门课程的教学很少由学校最好的教师承担。没有高素质的优秀教师，就不可能保证通识教育的质量。博耶曾强调说：“最好的大学教育意味着积极主动的学习和训练有素的探究，使学生具有推理、思考能力，高质量的教学是大学教育的核心，所有教师都应不断改进教学内容和教学方法，最理想的大学是一个以智慧为支撑、以传授知识为己任的机构、一个通过创造性的教学鼓励学生积极主动学习的场所。”钱伟长教授在谈教育创新时提到：教师的教，关键在于“授之以渔”，应教给学生一些思考问题的方法。那么，在通识教育背景下高等数学教学教师应如何更好地进行教学呢？

（一）展示良好的个人素质，注重榜样教育的力量，冲破“光说不练”的俗套

21世纪是高科技时代，科技的腾飞、社会的发展、知识的传播是离不开高素质人才的，而高校要培养高素质的人才必然要求有高素质的教师。目前，虽然在教学过程中使用了许多先进的教学手段，教学内容也更符合通识教育的要求，但教师在教育中的核心地位依然不可动摇。因此，高等数学教师在具备教师基本素质的前提下，应着重加强以下几方面素质的培养，以便更好地培养学生。

1. 加强师德修养，教学中及时调整心态，展示良好的心理素质

教师在面对不同的教学对象时要因材施教，鼓励、尊重、热爱学生，在教学中要主动与学生交流，做学生的良师益友，让学生感受到教师对他的关爱，与学生的关系要做到有张有弛，让学生对教师产生敬畏感；教师要时时做到以身作则，教书育人，要用自己的人格魅力感染学生，让学生在轻松愉快的氛围中学习到数学的严谨、缜密，在潜移默化中教会学生做人的道理。

2. 善于学习，兼收并蓄，展示教师广博的专业理论知识

教师是学生全面发展的航标灯、引路人，教师专业理论素质的高低直接决定着学生素质的高低。目前，很多学生的数学基础普遍较差（尤其是文科、艺术、体育类专业的学生），但这并不意味着就降低了对高等数学教师学识水平的要求，相反，这对其学识水平和教学能力提出了更高的要求。他们应该具备宽厚、广博的知识，认真钻研教材，透彻理解教材，认真分析并准确把握学生的心理特征和知识水平，而且还需要采取恰当的方式、方法，正确引导学生学习，用最通俗简单的语言让学生听懂所学内容。除此之外，还必须熟悉本专业以外的知识，全面地掌握本专业以外的技能，了解相关学科（如音乐、体育、美术等艺体学科以及文学、历史、地理等学科）的一些知识。正所谓“只有资之深，才能取之左右而逢其源”，只有这样才能真正树立起“学高为师，德高为范，敬业自强”的教师形象。

3. 善于理论联系实际，展示符合时代要求的创新教育素质

长期以来，学生习惯于教师安排好的一切学习或科研活动，很少思考自己可以干点什么，这是我国传统数学教学的一大弱点。因此，必须创新数学教学模式，加强理论与实际的联系。如教师可以在教学过程中，结合现实中存在的数学现象，让学生在自己挑选、构建的数学环境中进行摸索、探究，以培养他们的创新意识。同时，让他们体验到从事创造性学习的快乐与艰辛，使他们认识到知行合一的治学哲理，努力实现数学学科教育的功能。江泽民同志指出：“创新是一个民族进步的灵魂，是国家兴旺发达不竭的动力。”《新课标》指出：培养学生创新精神和实践能力是全面素质教育的重点，大力实施推进创新素质教育，培养学生的创新能力，是时代赋予教师的庄严使命，也是摆在每位教师面前的严峻课题。教师是学生效仿的榜样，教师的创新教育素质和能力高低会对学生创新能力的培养产生重要的影响。

（二）加强数学文化通识教育，注重人文精神的渗透，冲出“教书匠”的樊篱

高等数学在培养大学生的人文精神，提高大学生的思维素质、学习能力和应用能力等方面，都有着十分重要的、不可替代的作用。在强调素质教育的今天教师应该把

数学教学从单纯的计算技能训练中解放出来，更多地阐释数学的文化内涵，推行“数学文化”的教学。这不但能促使学生更好地学习数学，而且有利于拓宽学生的知识面，强化数学的综合教育功能。

高等数学不仅是传播传统数学知识、培养学生严密的逻辑思维能力和丰富的空间想象能力的基础课程，也是加强通识观念、传播数学文化和民族文化的素质教育平台。目前，通识教育课程的内容基本上来源于其他自然科学乃至人文科学的科普知识。另外，由于当前我国社会的经济主导型意识，我国很多高校的高等数学教学已经呈现出某种技术化和工具化的不良倾向，狭隘的实用主义、形式主义、工具主义已成为提高高等数学教学效用与通识教育质量的严重障碍，诸如文科高等数学、财经类高等数学基础、高等数学（A，B，C，D）等教材孕育而生。这种实用的、工具性的功利化教育倾向，偏执地强调某一特定学科对高等数学知识的片面要求，根本没有意识到高等数学与其他各种文化结构的相互关系，当然也就完全忽视了高等数学作为高校的公共基础课程，其教学目的是为了培养学生对数学知识的综合应用能力和进行文化渗透传播。

在通识教育背景下，教师在传授传统数学知识的同时，必须重视数学文化的传播，有意识地培养学生的人文精神。数学文化是指在数学的起源、发展和应用过程中体现出来的对于人类社会具有重大影响的方面。它既包括数学的思想、精神、思维方式、方法、语言，也包括数学史、数学与各种文化的关系，以及人类认识和发展数学的过程中体现出来的探索精神、进取精神和创新精神等。数学家华罗庚曾经说过：“宇宙之大，粒子之微，火箭之速，化工之巧，地球之变，日用之繁，无处不用数学。”因此，数学文化必须在数学课堂教学中得到体现不断传递数学文化的思想、观念，使学生在学习数学过程中受到文化熏陶，并产生文化共鸣，体会数学的文化品位，进而体察社会文化与数学文化间的不同。

（三）强化培养目标研究，注重研讨性课程建设，倡导研究性学习，远离“教死书”的怪圈

青年学生是社会的希望，祖国的未来，他们的健康成长直接关系着社会的发展。美国早在 1991 年颁布的《国家教育目标报告》就明确要求各级各类学校“应培养大量的具有较高批判性思维能力，能有效交流，会解决问题的学生”，并将培养青年学生对现实社会生活和学术研究领域的批判性思考能力作为教育改革的主要导向。这种创新性的现代教育理念已经在西方各国的教育改革中大量运用，然而，这种创新型的教育理念在我国数学教育界却一直没有受到足够的重视，在我国高校的高等数学教学中，“本本主义”“人云亦云”的现象无处不在。

当前，国内外很多高校都在提倡由“教师中心”向“学生中心”转变的研究性学习，即在教学过程中，以学生为中心，以能力培养为本位，以培养学生的自主学习精神为导向。这种学习也是在课程教学过程中，由教师创设一种类似科学研究的情境和途径，教师指导学生通过类似科学研究的方式主动获取知识、应用知识并解决问题，从而完成相关的课程学习。在提倡通识教育的今天，在高等数学教学中，如果教师依然采用传统意义上的“灌输式教学”“接受式教学”，显然已经不能适应当前社会的发展，这些教学方式也在逐渐被淘汰。因此，高等数学的教学必须创新教学方式，倡导研究性学习。研究性学习不是强迫性学习，它自始至终离不开学生的自我建构。研究

性学习的运行与它对学生的影响是一个渐进的过程。这就要求我们高等数学教师必须以培养学生的研究性学习能力为主旨，首先既要面向全体学生，又要关注个体差异；其次，要强调学生之间的合作关系，不但要培养学生独立研究的素养，而且还要培养学生合作、交流的能力，以激发学生的学习兴趣、促进思维发展、拓展知识面为教学目的，以启发、阅读与交流为主要教学方式。在此过程中，把学习的主动权交给学生，让学生自主学习，主动、积极地获取知识，使他们在轻松、愉快的环境中有所收获、有所成就，得到全面、和谐的发展。在高等数学教学中，教师要积极鼓励学生学会用数学进行交流，大力倡导合作、交流的课堂气氛，帮助学生认识数学中蕴藏的思想，领会数学思考的理性精神，学会数学的逻辑推理，提高解决数学问题的能力。利用创新学习，激发学生的学习潜能，大胆鼓励学生创新与实践，积极开发、利用各种教学资源，为学生提供丰富多彩的学习素材。同时，还要强调学习的过程。我们应该把学习作为一种研讨、探究的活动，而不是为了得出某种预先设计好的标准答案，在高等数学教学中，鼓励学生一题多解，即用不同的思路、不同的处理方法解决问题，就是培养学生创新能力的具体体现。

要提高教学质量，把千差万别的学生培养成国家需要的各种人才，需要教师有较强的创新能力。要想提高学生综合素质中必不可少的数学素养，高等数学的教师必须有创新能力。如果没有包括高等数学教师在内的高校教师队伍整体素质的提高做保障，富民强国的愿望将成为无源之水、无本之木。

在科学技术飞速发展的21世纪，社会的发展归根结底是人的总体发展。在通识教育大背景下，在高等数学的教学中，教师应该注重培养学生的科学素养与人文精神，充分发挥学生在教学中的主体意识和教师的主导作用，为高校培养更多的、适应社会经济发展要求的各级各类人才作出应有的贡献。

第二节　高等数学教学的主体——学生

一、高等数学教学如何发挥学生的主体性

（一）注重学生的主体地位，激发学生的学习兴趣

从以往的教学经验来看，在高等数学的教学过程中，很多学生对高等数学学习缺乏浓厚的兴趣。通过找学生沟通了解，大多数学生认为自己已经具备了一定的数学基础，但由于受高考应试教育等客观或主观因素的影响，学生自我学习的能力不够强、没有树立自我主动学习的良好观念和意识，所以在进入大学后对数学学习缺乏明确的目标，往往导致学习兴趣与学习热情也相对较低。如何提高学生对数学学习的兴趣呢？这也就要求我们的数学教师要做好数学教学课堂上的引导、规划，以及课前的准备、设计工作。结合情境化、生活化的教学，这样有助于学生更好地理解知识点和学习素材，也有助于培养学生在高等数学学习上的兴趣和精神。例如，在高等数学关于“曲面的面积”的教学环节中，生活中的曲面可以说是非常之多，所以数学教师可以打破教材的限制，将知识点和生活情境相结合，多选择一些趣味化的生活教学情境，让学生针对生活中具体情况与“曲面面积”相关的数学问题进行共同的讨论和计算，这样

就能够拉近学生与数学知识之间的心理距离，在激发学生学习兴趣的同时，开阔学生的数学学习视野，让学生更加直观地体验数学学习的价值和乐趣，这对学生数学学习兴趣和探究精神的培养大有裨益。

(二) 注重学生的思维培养、优化组合教学

数学是一门具有高度概括性、抽象性和严密的逻辑性的学科。所以数学教师必须采用“授之以渔，非授人以鱼”的教学方法，让学生掌握数学解题、思考的方法。只有掌握了数学的思维方法才能对症下药。提高学生的数学水平，例如在人大版高等数学的“微积分”中 $f(x)=\lg x^2$ 与 $g(x)=2\lg x$ 的函数是否相同，为什么？教师可以突出解题思路，函数的两个要素是 f（作用法则）及定义域 D（作用范围），当两个函数作用法则 f 相同（化简后代数表达式相同）且定义域相同时两函数相同。

解：$f(x)=\lg x^2$ 的定义域 $\{x\neq 0\}$，$g(x)=2\lg x$ 的定义域，$D=\{x>0\}$ 虽然做法相同 $\lg x^2=2\lg x$，但显然两者的定义域是不同的，所以不是同一函数。通过这个实例我们要求学生掌握数学的思维逻辑，只有更好地掌握思维方法才可以提升自己的解题能力和思维推理能力，增加对数学学习的兴趣和信心。

(三) 优化教学方法，注重学生的主体参与

在提高教学效率的同时，我们要注重发挥学生的主观能动性，受到学生喜欢的教学方法一定是好方法，单一的教学方法是枯燥的、乏味的，很难提高学生学习高数的兴趣，现在的高数往往是在大一开设，而大一时学生对教师的依赖程度相对较高。为了摆脱这种困境，教师可以采取以下方法。

1. 讲授法和启示法、讨论法相结合

这三种方法的结合主要是提高学生的课堂参与度，发挥学生的主体作用，为学生的积极参与提供条件和平台，设立情境教学的模式，鼓励学生去思考、去探索、去发现、去解决问题。也是营造活泼的课堂气氛的一种需要。

2. 采用多媒体教学

多媒体课件可以利用与画图、演示几何图形的构成，使教学课题更加生动、直观，便于理解，从而加深学生的理解。便于知识的掌握和运用，另一方面加强在课堂上的参与。但是不可过分依赖多媒体课件教学，这样容易引起视觉疲劳，不利于教师和学生，学生和学生之间的互动。

3. 尊重学生的差异，做到因材施教

在大学教学的环境中，我们的学生来自五湖四海，学生的数学基础千差万别，所以要求我们的教师在教学的过程中注意要有针对性，做到“因材施教”提高整体的高数水平。在高校数学课堂教学中，数学教师要充分顾及学生在数学学习中的差异，要立足于学生的数学基础和学习能力，充分满足不同学生的学习需求，让每个学生在数学课堂上都能够学有所获。

总而言之，提升学生高数课堂中的主体地位，我们应该让我们的学生对高数学习有兴趣，提升他的信心才是根本的解决之道。

二、高等数学教学中怎样培养学生的学习兴趣

(一)结合教学实践培养学生高等数学学习兴趣

学生在高等数学教学参与中的表现是多种多样的，聊天、玩游戏、看小说等等，可以说很多学生在高数课堂上都是“度时如年”。在教学中与其约束学生不如想办法提高他们的学习兴趣，使其主动地投入到学习当中。例如，利用丰富有趣的导入提高学生的学习兴趣，如“全微分”学习中，对于全微分的认识初学者的理解是五花八门的，在全微分概念学习中，通过一些不太准确的认知进行教学导入，让学生发现破绽，解决问题，然后用数学的语言组织自己对全微分的认识，从而得出全微分的概念。这样的学习过程有趣、深刻，能够激发学生的学习兴趣，提高学生学习效果。又如，通过数学家的故事激励学生探索数学的奥秘引导其对高等数学知识产生兴趣。例如，高斯是个数学天才，他的故事很多，结合教学内容引入高斯的故事，以榜样的力量引导学生自觉地学习数学。再如，由简单问题入手，让学生先克服对高等数学学习的恐惧，从而对新知识产生兴趣。例如，“空间直线及其方程”教学中，先利用在一个平面中方程的书写引出线与面的夹角，让学生思考直线与面的夹角问题，进而引申知识，让学生对空间直线有新的认识，能够不断地拓展思维，形成空间的数形结合意识，提高学生的学习效率。

(二)科学应用多媒体培养学生高等数学学习兴趣

多媒体的应用在高校教学中非常普遍，高等数学教学中科学应用多媒体是指要正确的认识多媒体在教学中的“工具地位”，不过分依赖，也不能盲目排斥应用多媒体做好课堂内外的教学工作，同时应用多媒体搭建师生交流的平台，通过信息交互提高学生对数学学习的兴趣。例如，“多元函数的微分学”教学中，应用多媒体制作教学课件，通过网络发送到学生的邮箱或其他师生交流平台，学生在课堂教学前对于要预习的知识、要整理的资料等有清晰的、明确的认知，这样学生就会主动地去完成一些教学任务，学生在课堂上的表现才能更出色。又如，“空间直线及其方程”的教学中，利用多媒体展示直线在空间的存在，这样更直观，学生通过直观的三维显示能够迅速地构建意识中的线与面的立体影像从而更容易接受和理解知识。再如，课后利用多媒体进行讨论，学生可在交流平台上发表自己对某节课的感想，也可提意见，也可将自己不太明白的地方与其他的学生教师分享，这样教师能够更全面的掌握学生的学习状态，及时的为学生答疑解惑，使学生对于数学的学习突破了时间、空间的约束，学生的数学学习兴趣更容易产生和积累。可见，多媒体在培养学生数学学习兴趣方面确实有着重要的地位，高等数学教学中应充分地认识多媒体教学的优势，有效地利用多媒体这一新兴的教学工具激发学生学习兴趣。

(三)活跃课堂气氛激发学生高等数学学习兴趣

数学教学向来严谨、中规中矩，因此，大多数时候数学课堂都是死气沉沉的，特别是一些刚加入数学教师队伍的教师，他们习惯了对数学知识的钻研和学习，因此，在教学中，也将自己的那一种钻研学习的精神带到了课堂上，在课堂上自我沉醉于知识的海洋，然而学生听不懂。例如，“多元函数的微分学”教学中，一些教师拓展教学内容，甚至讲到了微分几何等内容，教师越讲兴趣越高学生越听越不明白。因此，在

课堂上要时刻的观察学生的接受能力，让学生做教学的“主角”，让他们体会到数学学习的乐趣才是关键。在这章节的教学中，教师可以改变教学方法，通过分组讨论，针对“多元函数的微分学”的教学重点设置几个小标题，每一组围绕自己小组的标题进行讨论，然后小组评讲，再将这些知识联系起来，融会贯通，这样知识才能完全地被学生吸收，转变成为学生自己的知识。而且这种教学方法能够活跃课堂气氛，激发了学生探索、求知的欲望学生能更好地参与教学，而不是跟着教师的思路“乱跑”，学到最后一塌糊涂。又如，通过数学学习小组的一些活动活跃课堂气氛，激发学生数学学习的欲望和能力，使其对高等数学学习有更浓厚的兴趣。

高等数学学习兴趣的培养不是一朝一夕的，而是一个长期激发、积累的过程，在任何时候，教师要对学生有信心，要不断地引导、鼓励学生学习数学，通过自信心、学习能力等方面的培养，使学生对高等数学产生兴趣，同时通过先进的教学手段、多元化的教学方法、丰富的教学形式、活跃的课堂气氛等，使学生的学习兴趣更加浓厚，这样才能为学生的自主学习打好基础，高等数学教学才能在轻松愉悦的教学活动中获得更大的成绩。

三、高等数学教学中学生资源的开发和利用

（一）在开拓教学设计的各个环节中充分利用学生既有的经验和知识

在课堂教学过程中。学生多方面的知识和能力处于潜藏或休眠状态，恰当的课堂导入会激活这些资源宝藏，出现意想不到的课堂氛围和教学契机。这就是“创设情境激活学生资源”，即教师可以通过在课堂中设计某种情境，促进学生积极参与。学生潜在的知识和能力得到教师机智的反馈，师生间其乐融融。教师可在课前设计一些已学过的知识点问题。为新知识的呈现做铺垫。然后循序渐进地导入新知识。

（二）充分利用学生智慧，注意观察发现学生资源

1. 充分利用学生智慧

多元智能理论让我们认识到学生的智力结构存在着个体差异，但并非智力高低不同。它提醒教师要在课堂教学过程中，尽力发掘学生个体的不同智能资源，并创造机会使其得到彰显。激励学生参与到课堂中，让学生主宰课堂，形成良好的学习气氛。

2. 重点观察发现学生资源

教学过程中，教师可以走下讲台，加入学生中间，较易发现大学生的学习情绪性或问题类资源及某些学生不显著的错误学习资源。当学生进行即时练习时，教师作为“观察者”，走下讲台了解学生的学习情况。当遇到某一数学问题频繁出现。则反映这一资源的典型性。应根据实际情况确定由教师解决、学生互帮互助或分组讨论解决，当堂还是下节课解决。当发现精神倦怠的学生时，轻敲其桌面或轻碰其胳膊，让他重新投入学习中。这些“情绪性资源”是将教学过程引向深入的触发点。若发现遇到难题的学生，在其身旁作适当点拨，或在问题关键处指点一下。在观察的过程中应重点发现学生频繁出现的错误和问题。然后分析确定此类资源的利用时间、方法和价值等。

3. 关注学生生命发展，构建和谐师生关系。发掘学生的情感资源

充分发挥学生情感资源作用的前提是要构建师生之间和谐的关系。教师应将生命教育的理念与数学教学知识有机地结合起来。生命教育理念是以充分尊重学生作为一

个生命体的存在为基础的。虽然不同学生的知识水平和能力有差异，他们来自不同的家庭，但他们应得到老师和其他人同等的尊重和信任。在大学这一阶段，教师必须借助理性认识揭示事物的本质，增强知识的逻辑性、说服力，由此使学生产生并发展情感。这对于丰富情感、升华情感尤为重要。因此，对大学阶段学生情感资源的开发，应该偏重于与之共享智慧和思考的成果。

4. 搭建生生交流的多层平台。促进学生间资源交流和共享

学生之间知识和能力的交流是有形的。但学生间无形的资源交流更需要教师拥有一颗爱心去发现并加以利用。教师可以抓住许多契机。促进学生之间的积极认同，提高学生间交流的效果，提升合作精神。学生学习策略的形成，其实很大程度上正是学生间进行资源共享的结果。教师应开通多种交流渠道，搭建学生间相互交流和借鉴的桥梁。教师可以在学生中间进行数学学习策略及方法的调查。并进行交流。请毕业的校友交流是一种方法，请学习得法的同学介绍学习方法能鼓励学生共同进步。同时，可以将每个班级的学生分成若干个数学学习小组，每周安排一次课外活动课。通过适当地组织学生开展数学交流活动来营造良好的学习氛围和开发他们的资源。

目前，高等数学教学应着重开发利用学生资源与整个高等数学教学有机地结合起来。要想充分地挖掘学生资源，教师须在全面了解学生的基础上，如：知识基础、个性特征、技能特长等，与实际课堂教学设计相结合；领会教材的教育意义。即教材中所教授的内容对数学学科及其对大学生学习发展的促进作用。此外，教师还应做到心中有学生，眼中有资源，有足够的知识储备，这样才能在课堂上运用自如，对学生的各类资源游刃有余地加以开发利用。

四、高等数学教学中培养学生数学素质的探索

（一）还原数学知识产生的过程，注重数学思想方法的渗透

在我们现行的数学教材当中，教材的知识体系已经相当的成熟，甚至趋于“完美”。但是这类教材过于注重对数学结论的表达，却忽视了数学思维的培养。在实际的教学中，课程的主体内容往往是没有完善地引导、分析，就将结论直接地抛出。对于和生活比较接近的知识，学生还容易理解并进行相关的应用。而对于那些十分抽象的数学分析和数学结论，没有进行引导就直接给出结论，学生就会变得困惑。同时，学生在此教学模式的影响下总是不求甚解，丧失掉了数学研究的乐趣，甚至放弃数学学习。针对以上的问题，在实际的教学环节设计当中应该积极地引导学生对问题进行探究，让大家明白数学知识的形成过程。让大家在探讨的过程中能够慢慢地发现问题中所蕴含的数学思想和对问题的具体解决办法。对于大家都有困惑的问题，教师可以着重进行仔细讲解。让大家在引导下发现解决问题的思路，而不是引用现成的数学原理。只有这样才可以激发大家对数学学习的热爱，为数学素质的培养奠定坚实的兴趣基础。最简单说，在讲授导数这一课时，我们就可以从物理的速度、加速度引入导数在实际问题中的具体应用，从而使抽象的函数定义变得简单明了，让大家知其然，知其所以然。而不是简简单单地告诉学生怎样求导，直接忽视掉了数学思维的培养。通过这样的课程设计改革将会使学生的数学得以塔高，为学生今后的发展奠基。

（二）创设问题情境，注重发现问题能力和解决问题能力的培养

由于教学任务时间紧任务重，在各个高校的数学课当中往往采用老师讲授的方式

进行教学。学生在平时的课堂学习当中一直处于被动接受的状态，容易丧失学习的兴趣。并且有些学生一旦一个问题没有得到解决学生就会将注意力集中起来解决眼前的问题，而忽视掉了后续内容的理解。这样的过程不断重复就会使问题积累，最终使学习者丧失信心。为了使上述的问题得到解决，在课程设计的环节中就应该深入的对教材进行探索，针对具体的问题设计讨论的环节，让老师和学生互动起来，在活跃的气氛当中解决问题。在这样的学习氛围之下，老师会更加容易了解学生学习过程中存在的问题。而学生的发现问题，分析解决问题的能力也会不断加强。在学习的过程中，问题就是新想法的出现，或者是知识储备缺陷。老师在这样的学习模式下在发现问题之后应积极鼓励学生进行猜想，对学生的分析问题和解决问题的能力进行加强。最终达到促进学生数学素质提高的目的。

(三) 开设数学实验公选课程，注重数学应用能力的培养

随着时代的进步，数学的学习也变得更加多元。在此形势之下，数学与计算机平台的结合产生了一门新的实验课程，即数学实验课程。它利用计算机平台计算速度快、计算能力强的优势将数学知识与实际的问题结合了起来，通过对实际问题的模型化，在计算机上将问题解决。让学生体会到了数学学习的意义及作用，激发了学习的积极性。

在我学习的大学中，学院开设了数学建模这样的选修课，为那些对数学有浓厚兴趣的同学提供了更加宽广的学习及展示平台。在这类实验课中，首先要学习的就是对数学软件 MATLAB 熟练运用。这个数学软件具有强大的计算功能和图形函数处理能力，具体的来说就是它可以解决矩阵、微分、积分等问题并可以对复杂函数进行图形显示。因此，软件的学习就作为了实验课的基础内容之一。在能够熟练地使用软件进行编程的时候，我们就将课本中可以利用软件进行处理的知识录入到电脑当中进行简单的操作练习，最终通过不断地练习使大家能够运用数学软件解决实际问题或者是学术问题。这种将实际的问题的模型化处理，并用计算机软件得以解决的实验性课程将学生在课堂当中学到的知识进行了应用，不仅加深了学生对数学知识的了解和掌握，还在很大程度上促进了学生数学素养的提高和综合素质的发展。

(四) 借助课程网络辅助教学平台，扩展数学素质培养和提高的空间

在目前的高等数学教学中仍然存在许多的问题，例如教学观念陈旧、教学理念落后以及与先进技术衔接不紧密等等的问题。这些都与社会的发展格格不入，所以我们必须将传统的教学理念和模式更新，充分利用网络技术和先进的教学手段进行大胆的改革和创新。借此来不断地加强学生数学素质的培养和教学质量的稳步提升。

在改革的过程中，我们要重视引入网络辅助教学，将大学的高等数学课堂进行完善。在课下，学校应在自己的校园网内建设网络论坛和网络课程，在课后也能为大家营造一个浓郁的数学学习环境。再者，还可以采用虚拟投票和网络问卷的形式征求大家对高数课堂改革的看法和建议，通过对基层看法的总结对自己工作的不足进行弥补。最终，通过利用网络平台来实现学生数学素质的提高和综合能力的发展。

五、高等数学教学中培养学生创新素质的探索

(一) 在教学中激发学生的创新意识

创新是一个国家发展的灵魂，是兴旺发达的不竭动力。数学中需要创新意识，我

国之所以在当前拥有如此之高的数学成就，是因为古今中外的数学家通过不断的努力以及对原有知识的进一步探索，这些都足以证明创新在数学发展过程中的重要作用。高等数学是数学中比较难以掌握的一部分内容，在传统的教学工作中，学生往往是用死记硬背的方式掌握这一学科的，所以并不能真正的理解所学的内容，有些学生在面对大量枯燥无味的数字后，往往会失去对原有学习的兴趣，因此，在当前的高等院校高数教学中，教师应该积极的探索学生们的创新思维，培养他们的创新意识，这样才能不断激发起他们对高等数学的好奇心，成为社会发展过程中所需要的数学人才。

（二）创建轻松的学习氛围

在学习课堂中，环境是影响学习效果的一个重要因素，环境可以激发起学生的创新意识，所以教师在高数课堂上应该尽可能的营造一个轻松愉悦的气氛，让学生们可以放松心情，保证人人都处在一个平等的环境中，教师应该充分的信任学生，形成开放式的课堂，让他们能够积极地阐述自己的观点，久而久之，就会形成一种良好的学习习惯。有些学生的想法可能天马行空，这在过去的教学中一定是被教师否定的，但是为了培养学生在数学方面的创新意识，对于这些新的想法，教师不应该轻易地否定，因为每一种想法的出现都是有源头可循的，创新是思想上的碰撞，是一个不断探索的过程，只有发现学生思维方面的错误根源，才能有针对性地进行解决，这是一种隐性的引导，相信在良好的学习氛围下，一定可以为学生创造一个充分发挥的空间。

（三）开展多样性的教学方式

传统的教学方式过于单一，是制约学生创新思维的一个主要因素，因为学生的思想受到了限制，所以就会对他们的解题能力以及理解能力等多方面的内容造成一定的阻碍，在这种情况下，教师应该从原有的教学模式走出来，开辟出一个新的空间，采用多样化的教学方式激发起学生的创新能力。在高等数学中，微积分是一个重要的教学知识点，很多学生在这方面的学习都不是十分扎实，因此就会知难而退，选择放弃，但是只要能够对“极限”这一概念做到充分的了解，微积分的学习就不是困难，可以起到事半功倍的作用。教师在讲课的过程中，可以通过回忆数列的“$\varepsilon-N$”定义类比得到函数的“$\varepsilon-M$”定义，不同之处只是比 x 大的所有实数而不仅仅是正整数 n，使用类比的方法讲解，既复习了数列极限的定义，又讲了函数极限的定义，正所谓“温故而知新”。在此基础上还可以进一步得到“$\varepsilon-\delta$”定义，类比得到二元，甚至多元函数的“$\varepsilon-\delta$”定义等等，高等数学中还有很多内容都可以通过运用类比思维方法而得到，教师通过这种思维方式讲解这些内容，能达到一箭双雕的效果。除了类比的方法以外，“一题多变”“一题多解”也是十分常见的，只有从不同的角度解答问题，才可以说学生是真正的掌握了这方面的内容。

（四）运用数学实验提高学生的创新能力

在过去教学的过程中，教师往往会在理论知识方面下很大的功夫，重结果轻程是一个普遍的现象，学生们不懂得结论从何而来，所以造成了学习的困难。因此，为了进一步激发学生的创新能力，教师可以从数学实验入手，对学生的思维予以正确的引导，为学生开辟出一种崭新的数学学习模式。帮助他们自己发现问题，并找出问题的答案，同时在整个过程中，还可以充分的利用多媒体的方式，让学生加深对知识的印象，以此得出最终的数学结论。比如在讲到数列极限“ $-N$”定义时，我们知道定义中 N 的确定依赖于 ε，为了让学生更好地理解 N 与 ε 这种依赖性，可以让学生通过实验来观察数列的极限，当 ε 改变以后所对应的 N 是如何变化的，这样学生很容易就掌握了 $\varepsilon-N$ 语言的实质。通过实验，既能让学生很好地掌握基础知识，又能培养学生的学习兴趣，增强学生动手操作的能力，使学生获得再创造的锻炼。这既能深化学生对所学理论知识的理解，又能培养学生的创新能力，而且实验本身也是一种培养学生创新能力的途径。

(五) 利用数学建模对学生的创新能力进行引导

在数学建模的过程中，实际上也是一个提高创造能力的过程，在这个过程中是由很多部分组成的，不仅要对问题加以分析，还需要查阅大量的资料，进而建立起相应的数学模型，在整个数学建模的过程中，其核心在于建立模型，但是同样的问题，在不同学生心中可能拥有不同的答案，也就是在这一过程中，学生的创新能力被激发了出来，因此在教学改革的过程中，教师可以充分应用数学建模的方式让学生的创新能力得到提高，用新思想指引学生在学习高等数学过程中的发展方向，让他们能够更加善于思考。

六、高等数学教学中培养学生应用素质的探索

(一) 培养数学应用能力的重要性

目前国际数学教育改革的一个重要趋势就是用学到的数学知识来分析问题和解决问题。高等数学是大学生课程学习的一门基础性课程，这门基础课是管理、经济、化工、建筑、医学等理工农医类专业的必修课程，在有的高校文科类，比如文学、历史、教育学等文科专业也同样开设高等数学课程。高等数学对学生在学习期间以及毕业之后的工作和生活都会产生较大影响。这主要是由于人们的日常生活实际往往和高等数学所涵盖的知识是相通的、相连的，并且在分析问题时和解决问题时所展现的多维度思考方式的特点，非常容易引起大学生的学习和研究兴趣。同时，我们通过对比中西方大学生学习运用高等数学的能力中，可以发现：中国学生在常规计算方面要比较擅长，而数学应用能力相对较差；外国学生相对比较擅长在解决模糊且具有实际意义的问题，但是计算能力相对较弱。另外，中国学生在近几年的国际数学大赛中屡获大奖，但是在重大数学问题研究方面，成果寥寥无几。由此，也就说明我国大学生的数学应用能力存在较大缺陷，加强学生数学应用能力培养已经迫在眉睫。

数学是技术发明和科学研究的必要条件，是一门基础性学科，而且已经在社会的各个行业和生活学习工作的各个方面中得到广泛应用。当前，考量一个国家科学技术发达程度的重要标准之一就是其公民数学应用能力的平均值。同时，伴随高等教育改革的深入，加强学生数学应用能力的培养也已经成为数学教育改革的必然趋势，也成为数学学科发展的助推器，因此，这也就要求高校和教师要把学生数学应用能力的培养放在突出位置，重点落实。

(二) 学生数学应用能力培养现状及存在的问题

1. 学生数学应用能力培养现状

通过调查研究发现，学生游刃有余的数学应用问题往往是那些思路清晰、题目明确、结论唯一的问题，可以相对比较容易得出结论和应用有关知识，这也证明学生的数学应用解决能力有一定基础，但是在遇到复杂而又背景关系不熟悉的情况时，他们的解题思路就相对比较僵化，比较单一，有时候更是无从下手、不知所措，由此可以

看出学生的数学知识在解决实际问题时还不能够熟练应用，数学应用能力有待进一步提高。

2. 学生数学应用能力培养存在的问题

（1）思想认识不足

大部分大学生，甚至是一些从事高等数学授课的专业教师，对加强大学生数学应用能力培养的认识也不尽相同，有很大一部分教师的认识相对比较不够全面，没有充分理解培养大学生数学应用能力的重要性和紧迫性，对加强数学应用能力教育的现实意义和理论意义理解不清晰。有的数学课程教师根本不考虑数学课程的主渠道作用，仅仅以应付考试、应付教学为目的，把培养大学生数学应用能力放在最边上，但在实际的工作中却鲜有行动。

（2）教材编选滞后

当前，大部分高校使用的高等数学教材在选编上仍然以理论性教材为主，主要以理论推导为中心，以论述讲授为重点，这种教材已经远远不能满足当前高等数学教学需要，对于培养大学生的数学应用能力发挥的作用相对较小，甚至阻碍了数学应用能力的培养。近几年来，在高等数学教材的编著上，虽然已经逐渐认识到教材选编的重要性，但教材中数学理论知识应用的内容和比重仍然较少。例如数学学科的专业教学，相对就更多地关注内容和体系，使高等数学成为纯粹的学科，单一的专业，而学生的数学知识的应用则没有益处，这种情况的不断发展必将使学生弱视数学应用能力的培养，甚至丧失数学应用能力培养的意识。因此，高等数学教材的选编，对于学生数学应用能力的培养而言，是催化剂、是助推器，如若教材中的应用理念、应用知识、应用技巧不能与时俱进，学生的数学应用能力就不能得到有效培养和提高。

（3）教学方法单一

高校由来已久的应试教育教学模式已经根深蒂固，教师和学生都在为了考试而授课和学习，以分数论的局面还是当前高校评价学生和教师的主要指标，甚至在有的学校是唯一指标。数学学科具有严密的逻辑体系，应试教育下的灌输式教学模式已经不能适应数学教育的发展需求。同时，传统的教学模式主要是课堂讲授，任课教师在课堂上占有主导地位，填鸭式教育形式较为突出，学生的主体地位并没有得到体现，长期的、单一的教学模式下，使得学生的思维方式僵化、思路不清晰，运用数学知识解决实际问题的能力培养更是无从谈起。

（4）实践教学欠缺

近几年，通过数学建模竞赛我们可以看到，大学生对于数学专业基础知识的掌握已经相对比较牢固，非常令人满意，但是在实际应用和创新能力方面还相对比较欠缺，数学软件的应用、数学模型设置时间等方面还有待提高。另一方面，高校对于数学实验教学的重视程度还不够，实验教学在高等教育改革中的重要作用没有真正凸显。

（三）加强学生数学应用能力培养的途径

1. 转变思想观念

当前高等学校教授数学课程的教师基本来自高校数学专业毕业生，而且绝大多数是从毕业后直接从事数学教学工作，基本也就是从学校到学校的过程，长时间学习养成了以知识为核心的教学观念和行为模式，在教学目标设定、教学方法设计和教学技能运用等方面，都是围绕知识传授这个重心，忽略了培养数学应用能力在高等数学教学中的重要体现。高等数学课程任课教师要转变思想观念、把培养学生的数学应用能力当作高等数学课程教授的第一要素，建立以应用为核心的教学理念和教学观念，把理论知识和实际应用紧密结合，全力推进学生数学应用能力培养。

2. 推进教学改革

在应用数学知识来解决社会生活中实际问题的过程中会源源不断地产生新的问题，而新的问题的出现需要运用新的数学科学知识来解答，这有利于数学的理论学科发展，有利于数学教学改革的推进，有利于相关学科的协调发展。因此在高等教育改革的背景下，推进高等数学教学改革，优化数学专业课程设置，建立完善以应用为中心的高等数学课程建设目标和授课模式，是当前高等数学学科发展的必然趋势。现代数学也正在发生深刻的变化，逐渐由简单到复杂、由局部到整体、由连续到间断、由精确到模糊等，这也要求在高等数学教学改革的过程中，应注重加大实践课程的比例，注重开设数学建模类课程、数学实验教学课程等不同类别，不同形式的课程，以及运用计算机、多媒体、数学软件等计算机应用课程。

3. 加强数字教学

当前，随着网络信息技术的高速发展，在高等教育中运用以计算机为主的多媒体技术也日臻成熟正在不断地发展。建设数字化课程、数字化教学也是当前教育改革的重点内容之一，数字化教学技术可以不同类型的动画、音响效果进行综合展示，从而使课堂教学更形象、更具体。利用数字多媒体技术可以通过图文并茂的形式，将高等数学理论知识清晰地展示给学生，更能增强高等数学教学的针对性和吸引力，使得学生学习的兴趣和欲望也会增强，从而产生数学教育的良性循环。因此，在高等数学的教学过程中要逐渐增强数字化教学模式，使数字化教学和传统教学模式有机融合，增强教育效果。

4. 强化数学建模

长期以来，数学学科教育界一直致力于探索培养和增强大学生的数学应用能力的新途径、新方法、新渠道，其中最有益、最有效的尝试就是开展数学建模竞赛。数学建模竞赛是基础性学科竞赛，主要培养学生的创新意识，增强学生的实践能力，数学建模竞赛要求学生将理论知识与实践应用充分结合，用理论知识解决实践问题，用实践促进理论知识体系建设，这种理论和实践双向结合的良性互动循环，将抽象的数学活动和具体的实践问题相结合，既能增强学生的数学应用能力，又能锻炼了学生解决实际问题的能力，在推动大学生综合素质方面具有积极作用。

5. 增强实验教学

在高等教育改革过程中，教育界一直强调增加实验教学，同样，在高等数学教育中更应该注重实践实验教学，要把实验教学作为数学教学的重要内容，运用探究式教学方法，让学生学会从问题出发，借助计算机的功能，用实际行动解决问题。同时，任课教师可以指导学生从不同角度出发，来思考和解决问题，然后运用数学理论知识和实践行动完成数学实验。实验教学可以使学生充分体验从发现、分析、解决问题的过程，在分析问题时候可以查阅更多的数学理论知识、可以动手操作实验程序，最终完成探究学习，从而实现学生数学应用能力的提升。

经过对学习高等数学课程的在校大学生和已毕业学生追踪调查显示：数学应用能力较强的学生更能适应社会发展的需要，而仅仅是单纯掌握数学理论知识的学生则相对较弱。提升大学生的数学应用能力已经成为高等教育改革的一项亟待解决的课题，成为数学教育界探索奋斗的重要目标和努力方向。

第三节　教师主导和学生主体作用的发挥

教学过程中教师和学生这两个主体之间的关系是各种关系中最基本的一种关系。教师的教是为了学生的学，学生的学又影响着教师的教，两者相互依存，缺一不可，他们之间既相矛盾又相统一，任何一方的活动都以对方为条件。在活动中教师是教育的主体，只有通过教师的组织，调节和指导学生才能迅速地把知识学到手，并使自身获得发展。学生则是学习的主体，教师对学生的指导和调节只有当学生本身积极参与学习活动时，才能起到应有的作用。教学过程中，教师对整个教学活动的领导和组织作用，称为教师的主导作用。高等数学对于大学生来说是一门基础课程，同时由于教学任务重和教学时间相对较紧等问题，使得高等数学成为学生学习中较困难的一门课程，而在高等数学的教学过程中，教师多使用讲授法，学生的积极性和主动性没有得到充分的发挥，即没有处理好教师的主导作用与学生的主动性之间的关系，使得教学效果和学生的学习效果不是很明显。在高等数学的教学过程中，要处理好二者之间的关系，才能达到好的教学效果和学习效果。

一、教学过程中一定要坚持教师的主导作用

高等数学的教学过程中一定要坚持教师的主导作用，这主要是因为：首先高等数学教学过程中，教师要根据教学计划和教学大纲，有目的有计划地向学生传授基础知识。教学任务的确定、教学内容的安排、教学方法和教学组织形式的选择以及学生学习主体作用发挥的程度都要由教师来决定。在教学过程中师生双方虽都必须发挥主观能动性，但两者所处的地位是不同的。因此决定了在教学中必须起主导作用。其次，教师课前准备充分，讲课重点突出，深入浅出，方法多样，语言形象，学生就易于学习，不断增长知识；教师注意启发和诱导，灵活运用教学方法，学生的智能，就易于发展；教师严格要求自己，重视教书育人，学生的思想感情，就会受到陶冶和感染，学生的意志与性格，就会得到有效的锻炼，因此，教师在教学中起主导作用是由学生的学习质量决定的。

二、教学过程中要发挥学生的主体性

教师的教是为了学生的学，在教学过程中，必须充分调动学生的学习主动性、积极性。学生是有能动性的人，他们不只是教学的对象，而且是教学的主体。一般来说，学生的学习主动性、积极性愈大，求知欲、自信心、刻苦性、探索性和创造性愈大，学习效果愈好。学生的学习主动性的发挥得怎样，直接影响并最终决定着他个人的学习效果。调动学生的学习主动性是教师有效地进行教学的一个主要因素。所以，学生的学习主动性也是教学中不可忽视的重要方面。

三、科学处理教与学的互动作用

（一）良好开端，教师精于准备

作为高等数学教师，上好一堂课需要良好的课堂驾驭能力。因此，教师要把教材内容吃透吸收、合理调整、转化为自己的东西，对于各知识点的易错点和解题技巧有

全面了解，及时指出。例如，在讲解等价无穷小求极限时，对常用的等价无穷小进行归纳和总结，便于学生理解和记忆；在讲解中值定理时着重介绍辅助函数的构造，使学生学会构造的方法和技巧；在讲解洛必达法则时，着重介绍学生常见的错误，以引起学生的注意，在应用时避免出现同样的错误。

（二）精讲多练，讲练结合

高等数学是动手性极强的学科，教师必须采用讲练结合、精讲多练的方法。“精讲”即教师要在熟练教材的基础上，抓住教材重点，由浅入深，由表及里地在有限时间内，把课程内容讲清楚。在讲课过程中，对于每个新的知识点只用7～8分钟的时间进行讲解，然后用20分钟左右的时间对学生进行训练，通过要求学生到黑板演示，学生做题时进行巡视，发现和指出学生发生错误的地方，加以纠正，加深学生对该知识点的理解，使学生能够真正掌握该知识点，在函数求极限、导数和不定积分的教学中，采取这种教学方式时，学生的学习效果是非常明显的。

（三）培养学生学习兴趣，激发学生的动力

兴趣是学习的源泉和原动力，学生一旦对某一学科产生兴趣，就会对这门学科的学习产生巨大的热情。高等数学作为学生的基础课是学生一入大学就要学习的课程，而对于打算取得更高学历的大学生来说，有很多人是准备考硕士研究生的，高等数学是研究生入学必考的一门课程，所以作为数学教师应该抓住学生的这种心理，在讲课过程中穿插一些历年的考研真题，激励学生的兴趣，发挥学生的主体作用。在每次课结束前，给学生抄一些与本次课相关的考研真题，布置给学生，让学生自己去独立思考，单独完成。在下次课开始的时候，由学生自己对这些题进行讲解或介绍该题的解题思路，然后由教师进行归纳和总结，正确的地方加以肯定，同时指出不足之处，使学生真正感觉到学有所得。

（四）使学生归纳总结，学有所得

在每节课即将结束的时候，启发学生讲出本节课应该掌握什么知识点。这样使学生积极参与到教学活动中，学生体会到自己的主体地位。但这并不是说可以忽视教师的主导作用，学生漏讲或讲得不清楚的知识点，老师要进行补充，重点知识还要精讲，最后进行归纳总结，让教师充分承担着“传道、授业、解惑”的重任，在教的过程中发挥主导作用，进而激发学生在学的过程中的主体作用。在讲解求函数不定积分的分部积分法时，最后引导学生总结出“反对幂指三”的规则，能够加深学生的印象，使学生学有所得，学有所获。

总之，要搞好高等数学的教学，既要发挥教师的主导作用，这是学生简洁掌握知识的必要条件，也要发挥学生学习的主动性，使学生掌握知识主要靠学生个人的主动性和积极性。教师要以课堂教学为主渠道，以课外作为有力补充手段，同时运用科学方法，讲练结合，灵活多样的传授知识和技能，将知识内化到学生的心理结构中去，转化为学生个体的精神财富，真正做到重能力培养，使学生早日成为建设祖国的栋梁之材。

第三章　高等数学的教学方法

第一节　探究式教学方法的运用

一、什么是探究式课堂教学

探究式课堂教学就是指在课堂教学中以探讨研究为主的教学。完整的说，也就是高等数学教师在课堂教学的过程中，通过启发和引导学生独立自主的学习，以共同讨论为前提，以教材的内容为基本探究的切入点，将学生周围的实际生活作为参照对象，为学生创设自由发挥、探讨问题的机会。

数学教师是探究式课堂教学的引导者，主要调动中高校学生学习数学的积极性，发挥他们的思维能力，然后获取更多的数学知识，培养他们发现问题、分析问题以及解决问题的能力。同时教师要为学生创设探究的环境氛围，以便有利于探究的发展，教师要把握好探究的深度和评价探究的成败。学生作为探究式课堂教学的主体，要参照数学教师为他们创设的以及提供的条件，要认真明确探究的目标、发挥思考探究问题、掌握探究方法、沟通交流探究的内容并总结探究的结果。探究式课堂教学有着一定的教学特点，主要表现为：首先，探究式课堂教学比较重视培养高校学生的实践能力和创新精神。其次，探究式课堂教学体现了高校学生学习数学的自主性。最后，探究式课堂教学能破除“自我中心”，促进教师在探究中“自我发展”。

二、探究式教学的影响因素及实施

（一）探究式教学的影响因素

（1）探究式教学与学习者有关：指学习者具有自主开展学习活动所需要的获取、收集、分析、理解知识和信息的技能，以及热爱学习的习惯、态度、能力和意愿。以这一指标来衡量高等数学课程教育，体现高等数学课程中学生自主学习为主的特色。

（2）探究式教学与课程的设置有关：课程的设置是一门实践性很强的科学，它使学生经过系统的基础知识的学习后，获得一种对社会的适应力。以这一指标衡量高等数学课，有助于推动理论联系实际的教学，贯彻学校培养应用型人才的培养目标。

（3）探究式教学和人与人之间的交流沟通有关：学生要不断自我完善，具有良好的心理素质、职业道德及诚信待人等品质。以这一指标衡量高等数学课，丰富了人才培养目标的内涵，也与竞争比较激烈的社会特点相适合。

（二）探究式教学的实施

（1）教师必须基本功扎实，熟悉教学过程，了解学生的基础，掌握教学大纲，熟悉教材。能把握教学的中心，突出重点，合理设置教学梯度，创设探究式教学的情境，使学生能配合老师搞好教学。

（2）教师应精讲教学内容，掌握好教与练的尺度，腾出更多的时间让学生做课内练习，这不仅有利于学生及时消化教学内容，而且有利于教师随时了解学生掌握知识的情况，及时调整教学思路，找准教学梯度，使教与学不脱节，保证教学质量。练习是学习和巩固知识的唯一途径，如果将练习全部放在课后，练习时间难以保障。另外，对于基础较差的学生，如果没有充分的课堂训练，自己独立完成作业很困难，一旦遇到的困难太多，他们就会选择放弃或抄袭。

（3）巧设情境，加强实践教学环节。以新颖的教学风格吸引学生的注意，让学生在愉悦的氛围下学会知识。针对不同的培养目标，对有些对象可将数学理论的推导和证明实施弱化处理，以够用为主。要加强学生的动手操作能力的培养，也不必让非数学专业的学生达到数学专业的学习目标。另外，通过数学实验学生可以充分体验到数学软件的强大功能。数学的直接应用离不开计算机，对于工科学生最重要的是学会如何应用数学原理和方法解决实际问题。要把理论教学和实验教学有机地结合起来。

三、探究式教学法在高等数学教学中的具体应用

（一）教学设计

1. 教材分析

在研究数列与函数极限的基础上，通过类比来研究函数极限的定义，让学生进一步掌握研究极限的基本方法，并为他们今后学习高等数学奠定良好的基础。

2. 学情分析

高校学生大多数学基础弱。因此，在教学中如何调动大多数学生的积极性，如何能够让他们主动投身到学习中来，就成为本节课的重中之重。

3. 设计思想

本节课采用探究式教学模式，即在教学过程中，在教师的启发引导下，以学生独立自主和合作交流为前提，以问题为导向设计教学情境，以“三种函数极限的推导”为基本探究内容，为学生提供充分自由表达、质疑、探究、讨论问题的机会，让学生通过个人、小组、集体等多种解难释疑的尝试活动，在知识的形成、发展过程中展开思维，逐步培养学生发现问题、探索问题、解决问题的能力和创造性思维的能力。

4. 师生互动，合作探究

合作探究并不是让学生随意进行合作学习，而是在教师的主导作用下发挥学生的主体地位。简而言之，也就是说，在实际教学中，一方面，教师要根据学生已有的数学基础，并按照“组内异质，组间同质”的分组原则将全班学生进行有效分组，以实现优势互补；另一方面，在学生合作探究学习中，教师也要以朋友的身份参与其中，并多尊重学生的想法，加强与学生的互动，从互动中来帮助学生逐渐加深对所学知识的理解与掌握，且引导学生逐渐养成乐于探究、勇于探究数学知识的良好学习习惯。另外，合作探究是探究式教学法在课堂运用中的具体体现，从某种程度上来说，学生合作探究效果的优劣直接影响着整节课堂教学质量的高低。因此，在高等数学教学中，

教师应积极鼓励学生以合作探究的方式展开学习，并以朋友身份参与其中，以有效增强师生互动，从互动中引导学生通过合作探究的方式来加深对新授知识的理解与掌握，从而有效提高课堂教学成效。

5. 基于微课，开放探究

开放探究是让学生在开放的环境中进行知识探究，这种探究模式是建立在教师充分尊重学生想法，且学习时间自由、教学过程没有时间与空间上限制的基础上来促使学生探究知识的一种形式，其最大的优势就在于能够充分发掘学生的数学潜力，而且也能够全面提升学生的探究能力。那么，又该如何有效实施这种探究模式呢？毋庸置疑，微课是最好的选择。微课，是一种新型的教学方式，主要是指视频的方式进行授课，且教学内容丰富、教学没有时间和空间的局限，有助于让学生在开放的学习环境下无压力地进行探究式学习，并不断产生疑问和探究的动力，最终实现对相关知识的吸收和内化。因此，在高等数学教学中，一方面，教师要精心设计微课内容，为学生营造出一种轻松、愉悦、开放的学习环境，使得学生能够在此环境中高效完成对新知识的探究和学习，从而有效达到预期的教学效果与目标。

（二）教学过程

1. 生动创设有趣的情境，激发学生的学习热情

运用探究式教学，教师首先要调动学生的兴趣，抓住学生的心理特征，满足学生的心理需求，让学生想学、乐学、善学。其次，教师要善于挖掘教材中学生喜欢探究的问题，结合教学内容，提出问题。探究式教学法中首先需要创设情境，在情境中导入新课，让学生明白学习的重点与难点在于什么，这样有利于学生对于所学知识的整体把握。比如在学习微积分时，由于微积分内容复杂难懂，很多学生反映学习起来非常吃力，因此需要采用探究式学习法来进行这部分知识的学习。在正式讲课之前，教师可以向学生讲述巴菲特的投资分析，通过股神巴菲特的故事来引入微积分的学习，让学生的积极性被充分调动起来。利用这样的积极性学习，会起到事半功倍的效果。在课堂学习结束后，教师还可以对学生提出思考题，比如讲授完微积分中的数列极限知识时，教师可以问学生不同的炒股方式与巴菲特的投资方式有哪些不同点，引发学生积极思考。

2. 以“问题”为中心，坚持问题教学法

“问题”是调动学生思维、引导学生思考的重要手段，教学过程中用一连串的问题，把学生引入探究问题的情境中，能发挥学生的主观能动性，从而达到探究的状态。除了课堂中的问题还分三个方面：一是让学生学会预习，学会自己提出问题。例如要上导数与微分，先让学生看标题去猜想这一章会讲些什么内容，掌握的重点是什么？然后再看书对照自己的猜想，还有哪些没想到的问题，再分节来提出问题并解决问题。二是课前提出问题，引导学生思考。例如讲不定积分之前：提问：已知速度函数，如何求路程函数？这个问题转化为已知一个函数的导函数，如何求这个函数。这就是本节要学的原函数的概念。三是课后留下问题，引导学生带着问题去预习。

3. 合作探究，注重创新，发展自主探究能力的培养

合作探究主要由三种形式组成，教师要根据探究的内容来界定使用哪一种形式效

果会更好。第一种形式是学生之间的合作探究，每一个学生都发挥他们各自的探究优势，针对疑难问题进行互相启发、研讨，再由四人一组对探讨的结果进行交流、沟通。第二种形式是以小组合作的形式进行探究，每一个小组由四人或是六人组成，小组的每个成员各抒己见、集思广益，让大家获得更加准确的结论。第三种形式是由以班级为单位的班集体探究，抓住问题的核心，让每一个学生发表自己的见解，大家共同对难点进行解决。在合作探究中教师要引导学生之间讨论，关键时刻加以点拨即可，在这种合作探究中每个学生都积极的参与，并发表自己的见解，连平时上课不注意听讲的学生都活跃了起来。

4. 密切数学知识与物理背景、几何意义的联系

几乎每一个高等数学知识点都有它产生的物理背景和几何意义，让学员了解每个知识点的物理背景可以使学生知道该知识的来龙去脉，加深对知识的记忆和理解，知道其用途。而几何意义则可增强知识的直观性，有利于提高学生分析和解决问题的能力，所以在教学中无论是知识的引入还是知识的综合运用，都要与它的物理意义和几何意义紧密结合起来，这样便于学生接受和理解教学内容，提升数学素质。例如，在导数概念、定积分概念、二重积分概念、中值定理等内容的教学中，物理背景和几何意义对于数学知识的固化和运用都起到举足轻重的作用。

5. 加强理论教学和实验教学环节，要把理论教学和实验教学有机地结合起来

例如，在理论课教学过程中常遇到一些抽象的概念和理论，由于不易把图形画出来，就不能利用数形结合的手法加以直观化，致使学生难以理解。而数学软件有强大的绘图和计算功能，它恰恰能解决这些问题。所以，在实验教学中不仅要讲基本实验命令，更重要的是要选择一些有利于学生理解的实验让学生去做，将理论教学和实验教学结合起来，让学生带着问题去实验。例如让学生用数学软件做出图形来判断函数 $y=\cos x$ 在（$-\infty$，$+\infty$）内是否有界，并观察当 $x\to\infty$ 时这个函数是否为无穷大？通过这个实验学生不仅可以掌握作图的方法和命令，而且还能真正理解无穷大和无界的区别和联系。

（三）教后反思与体会

1. 时间问题

探究要有主次，进行有效探究；课前、课上相结合，灵活处理教学内容，有效利用时间。

学生活动本身就很耗时间，再加上学生这么大面积地进行科学探究活动，时间变成了突出问题。课堂 40 分钟，已经无法满足科学探究的需要。要给学生充分活动的时间，要进行大面积完整的探究活动，需要根据不同班的具体情况来安排教学环节，探究的内容不能过多，要清楚主要探究什么（并非每个问题都要让学生逐个探究）。对于难度较大的探究课题，为了能在给定的时间内完成探究活动，可课前给学生布置任务进行预习准备，可课前让学生进实验室认识器材、选择器材、熟悉器材。笔者认为：探究的结果可以有出入，但探究的时间要充足，过程要尽量完整，否则匆匆探究，草草收场，只能流于形式，达不到探究的目的。办法在人想，时间不应成“问题”。

2．控制问题：加强纪律教育，加强理论修养

在这种教学模式中，教师是引导者、组织者。就算教师准备非常充分，也难免会经常发生一些意外。再加上班里有很多学生，教师组织起来就非常费劲，很难顾及每名学生，往往会出现失控的场面。建议加强纪律教育，严格要求学生遵守实验纪律，教师更要加强理论修养，才能灵活机智地处理相关问题。

3．评价问题：改变对“成功”概念的理解，采用“激励性”评价

不要把探究的结论作为评价的唯一标准，而要根据学生参与探究活动的全过程所反映出的学习状况，对其学习态度、优缺点和进步情况等给予肯定的激励性评价，学生积极参与、大胆发表意见就是“成功”。由于学生的先天条件和后天的兴趣、爱好的差异，课堂教学中教师应尽量避免统一的要求，对他们不是采取长补短，而是采用扬长避短，让他们在不同层面上有所发展，体会到成功的喜悦，注意培养全体学生的参与意识，激发其学习兴趣，并将其在活动中的表现纳入教学评价中来。

总之，教育的出发点是人，归宿也是人的发展。“探究式教学”就是从学生出发，做到以人为本，为每名学生提供平等“参与”的机会，让学生在宽松、民主的环境中体验成功。只要我们加强认识，积极探索，定能找到得心应手的“探究式教学”方法。

第二节　启发式教学方法的运用

一、高等数学课堂现状

国内的很多高校课堂都是大班教学，一个班都是七八十甚至上百人，严重地违反教学规律，由于人数众多，师生互动就比较困难，老师观察不到所有学生的反应，教学效率比较低。为了保障教学效率，老师利用整堂课时间来讲解数学定义、定理及方法，学生通过反复的模仿、练习来掌握老师所讲的内容，数学方法和规律的形成和发展被人为的忽略。现在的教科书，为了遵循数学内部的逻辑性，形式化的表述有关概念、命题、公式，没有把数学的来龙去脉讲清楚，所以很多学生对数学提不起兴趣，觉得学习数学是一件迫不得已的事情。

二、教师教学水平对数学课堂的重要性

著名的数学教育家弗来登塔尔说过：“没有一种数学的思想，以它被发现时的那个样子公开发表出来。”数学概念、法则、结论的产生和发展经历了反复曲折的过程，数学课堂有责任让学生了解数学的本质，这就对老师的专业素质提出很高的要求。教师不能像教科书上一样的把静态的知识点一一罗列，而是要把数学的本质给学生呈现出来，因为往往在课堂上对教学效率起着决定性作用的是老师的教学水平并非教材的水准。有些老师可以把枯燥无味的知识点讲得生动有趣，而有些水平较差的数学老师，却无法依靠一本好的教材而提高自己的教学水平。

三、教师要善于启发学生

对于课堂教育而言，高等数学要培养能发现问题、提出问题、解决问题的创新型

人才，而不是简单的承载知识的“容器”，数学课堂要给学生展示数学最为鲜活的一面。尽可能的引导学生探索新问题以激发他们的学习兴趣，通过解决实际问题让他们获得成就感。学生在数学课堂上学会以问题为导向有针对性的学习相关方面的知识，这对他们未来的生活和学习都是非常重要的。引导学生就需要有相应的问题情境，这些问题也不是自发产生的，而是教师有目的地进行活动的结果。不明白自己到底在学什么，为什么看似没有任何关联的数学方法就这样生拉硬扯地结合在一起，此时老师就有责任引导、启发学生，让学生主动地参加创造性的实践活动，领会研究数学中猜想和估计的重要性。

四、启发式教学在高等数学教学中的具体实践

启发式教学，指教师在教学过程中根据教学任务和学习的客观规律，从学生的实际出发，采用多种方式，以启发学生思维为核心，调动学生的学习主动性和积极性，促使他们生动活泼地学习的一种教学指导思想。其基本要求包括：①调动学生的主动性；②启发学生独立思考，发展学生的逻辑思维能力；③让学生动手，培养其独立解决问题的能力；④发扬教学民主。教师在课堂教学过程中，应用启发式教学法时要避免下述几种思维误区：一种是“以练代启”，以为调动学生的主动性就是多练习，多练习不是一件坏事，但仅停留在依葫芦画瓢还不能说是启发式教学；另一种是“以活代启”以为课堂气氛活跃热烈就是启发式教学，设计一些问题时以简单的“是不是”“对不对”等作答。这些都是停留在表面的行为。那么，在教学中如何搞好启发式教学呢？通过教学实践，我认为在教学过程中，应用启发式教学要处理以下四个方面的问题。

（一）依据背景设置情景，激发学生的兴趣，导入新知识

俗话说得好：“兴趣是最好的老师”。如果教师在课前针对教学内容构思、酝酿一个新颖有趣的话题，就可以刺激学生强烈的好奇心，从而使教学效果事半功倍。例如，在介绍极限概念之前，可以先介绍历史上著名的龟兔悖论：乌龟在前面爬，兔子在后面追，由于兔子与乌龟之间相隔一段距离，而在兔子追的过程中乌龟也在前面爬，像这样运动下去，尽管兔子距离乌龟越来越近，但就是追不上乌龟。通过这样一个有趣的问题吸引学生的好奇心，从而达到引入极限这个概念的目的。

（二）将情景转化成数学模型，进行问题分析，探索新知识

教师在课堂教学中适当穿插问题并给出结论，可启发学生进行思考并达到了解新知识的目的。例如，在上述悖论中，我们知道在现实生活中是不成立的，但是粗略来看，我们又挑不出毛病来，只是感觉不对头，这是因为上述悖论在逻辑上是没有问题的。那么，问题究竟出现在哪里呢？我们再来分析上述过程，可知在运动过程中，兔子与乌龟的距离是越来越小的，转化成数学问题，就是无穷小是否有极限？从实际来看，兔子一定可以追上乌龟，转化成数学说法就是：无穷小的极限为 0。这样，通过实际问题，我们就得到了新知识的一个特征。

（三）精心设计课堂练习，巩固新知识

数学学习的特征是通过练习可以加强我们对相应知识的理解与掌握，由于课堂练

习只是课堂教学的一个补充，我们不需要对所讲知识点面面俱到，只需要抓住本堂课程的主要点出一些具有针对性的题目即可，练习的设计应遵循先易后难、便于迁移、可举一反三的规律。这样，通过练习，达到化难为易、触类旁通的目的，并培养学生问题的联想、知识迁移和思维的创新能力。“授人以鱼不如授人以渔”，一切教学活动都要以调动学生的积极性、主动性、创造性为出发点，引导学生独立思考，培养他们独立解决问题的能力。但任何一种方法在其教育目的的实现上都不会是十全十美的，因此在利用启发式教学法时，也要根据实际穿插使用各种教学手段，使这种教学模式更加充实和丰满，从而达到我们的教学目标。

第三节　趣味化教学方法的运用

一、高等数学教育过程中的现状问题分析

（一）课程内容单一，缺乏趣味性

高等数学作为重要的自然科学之一，在经济全球化与文化多元化的背景下，知识经济迅速发展，已经开始逐渐渗透到其他学科与技术领域。高校高等数学教学的内容应该与新时期社会发展对于人才的需求标准与要求紧密结合，培养适合于社会经济建设，文化发展的优秀人才。实践中，上课教学仍然过多的关注课本知识的讲解，忽视了高等数学与其他学科之间的紧密联系，缺乏对于高等数学研究较为前沿问题的关注与了解。同时，高等数学教师将过多的时间、关注点放在课堂理论知识的讲解上，缺乏趣味性，忽视了大学生实践能力的培养。单一的课堂教学内容，不能引起大学生学习该门课程的兴趣与积极性，部分同学出现了挂科、厌学的情形。

（二）理论联系实际不够，应重视数学应用教学

教师在教学中对通过数学化的手段解决实际问题体现不够，理论与实际联系不够，表现在数学应用的背景被形式化的演绎系统所掩盖，使学生感觉数学是“空中楼阁”，抽象得难以捉摸，由此产生畏惧心理。学生的数学应用意识和数学建模能力也得不到必要的训练。针对上述情况，我们应重视高等数学的应用教育，在教学过程中穿插应用实例，以增强学生的数学应用意识和数学应用能力。

（三）对数学人文价值认识不够，应贯彻教书育人思想

数学作为人类所特有的文化，它有着相当大的人文价值。数学学习对培养学生的思维品质、科学态度、数学地认识问题、数学地解决问题、创新能力等诸多方面都有很大的作用。然而，教师们还未形成在教学中利用数学的人文价值进行教书育人的教学思想。教书育人是高等教育的理想境界，首先，教师要不断提高自身素质，从思想上重视高等数学教育中的数学人文教育；其次，教师要关心学生的成长，将教书育人的思想贯彻到教学过程中，注重数学品质的培养。

二、高等数学教学趣味化的途径与方法

高等数学是一门重要基础课程，是一种多学科共同使用的精确科学语言，对学生

后继课程的学习和思维素质的培养发挥着越来越重要的作用。但在实际教学过程中，高等数学课堂教学面临着一些困境，很多学生数学功底较差，加之内容的高度抽象性、严密逻辑性以及很强的连贯性，更是让学生感觉枯燥乏味，课堂气氛严肃而又沉闷，学生学得痛苦，教师教得无奈，特别是一些文科类的学生，对其更是产生了恐惧感，渐渐失去学习数学的兴趣。

著名科学家爱因斯坦说过："兴趣是最好的老师。"因此，调节数学课堂的气氛，提高高等数学课程的趣味性，吸引学生的注意力，调动学生的学习积极性，激发学生学习数学的兴趣，是教师提高教学实效的重要途径。

（一）通过美化课程内容提高数学本身的趣味性

首先，教师要引导学生发现数学的美，有意识地将美学思想渗透到课堂教学中。例如，在极限的定义中，运用数学的一些字母和逻辑符号（$\varepsilon-\delta$ 语言、$\varepsilon-N$ 语言）就可以把模糊、不准确的描述性定义表述清楚，体现了数学的简洁美；泰勒公式、函数的傅里叶级数展开式等，表现了数学的形式美；空间立体的呈现，体现了数学的空间美；几何图形的种种状态，体现了数学的对称美；反证法的运用，体现了数学的方法美；中值定理等定理的证明，体现了数学的推理美；数形结合体现了数学的和谐美等。数学之美无处不在，在高等数学教学中帮助学生建立对数学的美感，能唤起学生学习数学的好奇心，激发学生对数学学习的兴趣，从而增强学生学习数学的动力。

其次在教学过程中化难为简，少讲证明，多讲应用，特别是对于工科类的学生而言，不仅可以减少学生对数学的枯燥感，还可以让学生明白数学其实是源于生活又应用于生活的。在用引例引出导数的定义时，教师可以不讲切线和自由落体，而由经济学当中的边际成本和边际利润函数或者弹性来引出导数的定义，事实上边际和弹性就是数学中的导函数；在讲解导数的应用时，可以结合实际生活，例如电影院看电影坐在什么位置看得最清，当产量多少时获得的利润最大等，事实上最值问题就是导数的一个重要应用，这样把例子变换一下，会让学生体会到数学的应用价值；在介绍定积分时可以不直接讨论曲边梯形的面积，而是让同学考虑农村责任田地的面积，引起学生的注意力，提高教学效果；在讲解级数的定义时，先介绍希腊著名哲学家芝诺的阿喀琉斯悖论，即希腊跑得最快的阿喀琉斯追赶不上跑得最慢的乌龟，立马就会引起学生的兴趣，事实上这就是无限多个数的和是一个有限数的问题，即收敛级数的定义，这样学生不仅觉得有趣而且印象深刻。

因此，教师在高等数学教学中，应精心设计、美化教学内容，使其更多地体现数学的应用价值，增强数学知识的目的性，让学生意识并理解到高等数学的重要性，从而自发地提高学习兴趣。这样，学生在轻松快乐的气氛中明白了数学是源于实际生活并抽象于实际生活的，和实际生活有着密切的关系，意识到数学是无处不在的。

（二）通过改变教学方式激发学生的学习兴趣

目前对于高等数学教学，"满堂灌"式的教学方法仍然占主导地位，教师讲、学生听，过分强调"循序渐进"，注重反复讲解与训练。这种方法虽然有利于学生牢固掌握基础知识，但容易造成学生的"思维惰性"，不利于独立探究能力和创造性思维的发展，同时由于过多地占用课时，致使学生把大量的时间耗费于做作业之中，难以充分发展自己的个性。因此，创造良好活跃的课堂教学氛围、激发学生兴趣、提高学习数学的热情、合理高效利用课堂时间，是提高教学质量，改善教学效果的有效途径。

结合笔者自身教学实践经验，认为教师可以充分利用上课前5～10分钟时间，采取奖励机制（如增加平时成绩等方法），让学生踊跃发言，汇报预习小结，例如定积分这一节，课堂上就预习情况让学生自由发言，有人说："定积分就是用dx这个符号把函数f（x）包含进去。"有人说："定积分就是一个极限值。"学生们你一言我一语，事实上就把定积分的概念性质说得差不多了，这样一来不仅调动了课堂气氛，培养了学生的自学能力，而且对教师教学而言也会起到事半功倍的效果。另外，还可以在授课中穿插一些数学发展史和著名数学家的小故事，这样既可以丰富课堂元素，缓解沉闷的课堂气氛，又可以扩大学生的知识面，提高学习数学的兴趣。而在布置作业时，不要单纯让学生做课后习题，可以布置一些"团队合作"的作业，把学生分成几个小组，让他们用团队的力量来完成作业，比如说简单的数学建模，让学生合作完成，每小组提交一份报告。这样既可以锻炼学生的团队协作能力，也大大提高了高等数学作业的趣味性，让学生乐于做作业。

（三）通过优化教学手段提高学生的学习热情

高等数学作为一门基础课程，在多数学校都采取多个班级或多个专业合成一个大班来进行教学。单纯使用黑板进行教学存在很多弊端，针对这样的现状，吕金城认为应当用黑板与多媒体相结合的方法来进行教学。多媒体表现力强、信息量大，可以把一些抽象的内容形象生动地展现出来，例如在讲定积分、多元函数微分学、重积分、空间解析几何时，多媒体课件可以清晰、生动、直观地把教学内容展示在学生面前，既刺激学生的视觉、听觉等器官，激发学习热情，又节约时间，提高了教学实效。

但教师也不能过多依赖多媒体，一些重要的概念、公式、定理的讲解还是要借助黑板，这样才能使学生意识到这些内容的重要性，且对一些证明和推导过程理解更充分、更透彻。这种以黑板推导为主、多媒体为辅的教学模式更有助于增加数学教学的灵活性，激发学生的求知欲，提高学生学习数学的热情。

对于高等数学课程的教学，教师要结合自身情况、学生情况，适当美化教学内容，并改变教学方法和手段，提升高等数学的魅力，增加该课程的趣味性，降低学生对高等数学的畏惧感，激发学生学习数学的热情和兴趣，并逐步培养学生独立思考问题的解决问题的能力。当然，高等数学教学还处于起步阶段，高等数学课程的教学内容、教学方式、教学手段等还在不断探索、不断改革关于该课程的趣味性还需要教师进一步努力，进行更深入的探索。

三、以极限概念为例，展开高等数学教学趣味化的探讨

数学，是科学的"王后"和"仆人"。数学正突破传统的应用范围向几乎所有的人类知识领域渗透。同时，数学作为一种文化，已成为人类文明进步的标志。一般来说，一个国家数学发展的水平与其科技发展水平息息相关。不重视数学，会成为制约生产力发展的瓶颈。所以，对工科学生来说，打好数学基础显得非常重要。

获得国际数学界终身成就奖—"沃尔夫"奖的我国数学大师、被国际数学界喻为

“微分几何之父”的陈省身先生说“数学是好玩的”。简洁性、抽象性、完备性，是数学最优美的地方。然而，对大多数工科学生来讲，往往感觉“数学太难了!”。如此鲜明的对比，分析其原因，应该来自数学的高度抽象性，将冗杂的应用背景剥离掉，将其应用空间尽可能地推广，再将一切漏洞补全，已将数学的核心部分引向高度抽象化的道路，这些都已成为学生喜欢数学的最大障碍。

我们认为，数学是简单的、自然的、易学的、有趣的。学生在学习过程中遇到的难点，也正是数学史上许许多多数学家曾经遇到过的难点。数学天才高斯要求他的学生黎曼研究数学时，要像建造大楼一样，完工后，拆除“脚手架”，这一思想，对后世数学界影响至深。拆除过“脚手架”的数学建筑，我们只能“欣赏”，只能“敬而远之”。一名好的数学教师，在教学过程中，正是要还原这些“脚手架”，还原数学的“简单”，这是初级教学目标。华罗庚说：“高水平的教师总能把复杂的东西讲简单，把难的东西讲容易；反之，如果把简单的东西讲复杂了，把容易的东西讲难了，那就是低水平的表现。”

极限概念是工科高等数学中出现的第一个概念，非常难理解，是微积分的难点之一，也是微积分的基础概念之一，微积分的连续、导数、积分、级数等基本概念都建立在此概念基础之上。虽然高中课改后，学生已对极限有了初步的认识，但对严格极限概念的接受、理解、掌握还是相当困难。一个好的开始，可以说是成功教学的一半，处理好极限概念，绝大部分学生就会喜欢上数学，我们认为培养兴趣应是教学工作中的第一要务；相反，处理不好极限概念的教学，会使很多学生的数学水平停留在被动的、应付考试的级别上。齐民友教授对此现象有一个很生动的说法：在许多学校里，数学被教成一代传一代的固定不变的知识体系，而不问数学是何物。掌握一个科目就是彻底地掌握有关的基本事实，正所谓舍本逐末，买椟还珠。

另一方面，高等数学是工科学生进入大学后的第一批重要基础课之一，学分较多，能否学好，对学生四年的大学学习会产生重要的心理影响。所以，极限概念的教学应引起大学数学教师的重视。

（一）数学史上极限概念的出现

极限思想的出现由来已久。中国战国时期庄子的《天下篇》曾有“一尺之锤，日取其半，万世不竭”的名言；古希腊有芝诺的阿基里斯追龟悖论；古希腊的安蒂丰在讨论化圆为方的问题时用内接正多边形来逼近圆的面积等，而这些只是哲学意义上的极限思想。此外古巴比伦和埃及，在确定面积和体积时用到了朴素的极限思想。数学上极限的应用，较之稍晚。公元263年，我国古代数学家刘徽在求圆的周长时使用的“割圆求周”的方法。这一时期，极限的观念是朴素和直观的，还没有摆脱几何形式的束缚。

1665年夏天，牛顿在对三大运动定律、万有引力定律和光学进行研究的过程中发现了他称为“流数术”的微积分。德国数学家莱布尼茨在1675年发现了微积分。在建立微积分的过程中，必然要涉及极限概念。但是，最初的极限概念是含糊不清的，并且在某些关键处常不能自圆其说。由于当时牛顿、莱布尼茨建立的微积分理论基础并不完善，以至在应用与发展微积分的同时，对它的基础的争论愈来愈多，这样的局面持续了一二百年之久。最典型的争论便是：无穷小到底是什么？可以把它们当作零吗？

（二）精确语言描述

现代意义上的极限概念，一般认为是魏尔斯特拉斯给出的。

在18世纪，法国数学家达朗贝尔明确地将极限作为微积分的基本概念。在一些文章中，给出了极限较明确地定义，该定义是描述性的、通俗的，但已初步摆脱了几何、力学的直观原型。到了19世纪，数学家们开始进行微积分基础的重建，微积分中的重要概念，如极限、函数的连续性和级数的收敛性等都被重新考虑。1817年，捷克数学家波尔查诺首先抛弃无穷小的概念，用极限观念给出导数和连续性的定义。函数的极限理论是由法国数学家柯西初建的，由德国数学家魏尔斯特拉斯完成的。柯西使极限概念摆脱了长期以来的几何说明，提出了极限理论的方法，把整个极限用不等式来刻画，引入“lim”等现在常用的极限符号。魏尔斯特拉斯继续完善极限概念，成功实现极限概念的代数化。

微积分基础实现了严格化之后，各种争论才算结束。有了极限概念之后，无穷小量的问题便迎刃而解：无穷小是一个随自变量的变化而变化着的变量，极限值为零。

（三）极限概念的教学

教学过程中应还原数学的历史发展过程，重视几何直观及运动的观念，多讲历史，少讲定义，以引发学生兴趣。学时如此之短，想讲清严格定义也是枉然，但是，也应适当做一些题目，体会个中滋味。

研究极限概念出现的数学史，我们发现，现代意义上精确极限概念的提出，经过了约两千五百年的时间。甚至微积分的主要思想确立之后，又经过漫长的一百五十多年，才有了现代意义下的极限概念。数学史上出现了“先应用、再寻找理论基础”的尴尬局面。极限概念的难于理解，由此可见一斑。

正因为如此，魏尔斯特拉斯给出极限的严格定义后，主流数学家们总算是“长出一口气”，从此以后，数学界以引入此严格极限定义“为荣”。我们注意到，极限概念的严格化进程中，以摒弃几何直观、运动背景为主要标志，是经过漫长的一百多年的努力才寻找到的方法。但教学经验表明，一开始就讲严格的极限概念，往往置学生于迷雾之中，然后再证明函数的极限，基本上就将学生引入不知极限为何物的状况中。这种教学过程是一种不正常的情况，有些矫枉过正，在重视定义严格的前提下，拒学生于千里之外。

我们认为，在极限概念的教学过程中，首先应该还原数学史上极限概念的发展过程，重视几何直观和运动的观念，先让学生对极限概念有一个良好的“第一印象”。我们认为，为获得一个具有“亲和力”而不是“拒人于千里之外”的极限概念，甚至可以暂时不惜以牺牲概念的严格化为代价，用不太确切的语言将极限思想描述出来。

另一方面，由于学时缩减，能安排给极限概念的教学时间有限。只要触及极限的严格化定义，学生就必然会有或多或少的迷惑和问题。我们认为在教学过程中，教师应该告诉学生“接纳”自己对极限概念的“不甚理解”“理解不清”状态。如牛顿，莱布尼茨等伟大的数学家都有此“软肋”，并因此遭受长达近一二百年之久的微积分反对派的尖锐批判。我们即便“犯下”一些错误也是正常的，甚至也是几百年前某个伟大如牛顿、莱布尼茨这样的学者曾经“犯下”的错误。所以教师应引导学生不能妄自菲薄，要改变高中学习数学为应付高考的模式，不再务求“点点精通”，而是将学习重点放到微积分系统的建立上，消除高中数学学习模式的错误思维定式的影响。

用几何加运动方式，即点函数的观念描述的极限概念，直观、趣味性较强，另一方面，可以很方便地推广到下册多元函数极限的概念，为下册微积分推广到多元打下伏笔。多年来的教学经验表明，让学生对数学有自信、有兴趣，可以帮助学生学好数学。

（四）极限概念对人生的启示

哲理都是相通的，数学的极限概念中也蕴含着深刻的哲理。它告诉我们，不要小看一点点改变，只要坚持，终会有巨大收获！学完极限概念，我们至少要教会学生明白一件事，就是做事一定要坚持，每天我们能前进很小很小的一步，最终会有很多收获，这是学极限概念收获的最高境界，也是作为一名教师“教书育人”的最高境界。

第四章　高等数学的教学模式

第一节　任务驱动教学模式的运用

一、任务驱动教学模式的基本含义

任务驱动教学模式是利用建构主义学习理论来进行教学的一种方法，不同于传统的直接口传相授的方法。它主要强调学生的自主学习和合作学习。学生为了探索某种问题，必须通过积极主动的利用学习资源，进行自主研究和互动协作的学习，从而既解决问题又达到掌握知识的目的，而教师的作用是进行指导和引导学生。在这种以解决问题、完成任务为主的教学过程中，学生处于积极的学习状态，每一位学生都能根据自己对问题的理解，运用已有的知识和自己的经验提出解决问题的方案。在这个过程中，学生还会不断地获得成就感，可以更大地激发他们的求知欲望，逐步形成一个感知心智活动的良性循环，从而培养出独立探索、勇于开拓进取的自学能力。

在任务驱动教学模式展开的过程中，首先，授课老师要根据当前的教学内容和教学目标，依据学生已掌握的知识和具备的思维能力，提出一系列的任务；其次，在学生探讨问题的过程中，老师提供解决问题的线索，如需要搜集的资料怎么和前面的知识相联系；倡导学生进行讨论和交流，并补充、修正和加深每个学生对当前问题的解决方法；最后，检验学生的学习效果，主要包括两部分内容，一方面是对学生解决当前问题的过程和结果的评价，而另一方面是对学生自主学习及协作学习能力的评价。

二、任务驱动教学模式的应用

（一）任务的设计

任务的设计是任务驱动教学模式的最重要的环节，他直接决定了一节课的质量、学生是否进行自主学习和是否能够完成该节课的教学目标。老师在设定任务的时候应当根据学生当前的知识水平，设定合理的、能激发学生学习兴趣的任务。

高等数学是一门公共基础课，要求老师设定任务的时候考虑到不同专业的特点，结合该专业的数学水平，提出不同层次的、由简单到复杂的小任务，能够把学生需要学习的数学知识、技能隐含在要完成的任务中，通过对任务一步步的完成来实现对当前数学知识和技能的理解和掌握，从而培养学生动手操作、积极探索的能力。

学生对任务的完成分为两种形式：一种是按照原有的知识和老师的指导一步步的完成任务，这种形式比较适合学生对教学内容的一般掌握；另一种是学生除了完成老师要求的任务，还能自由发挥的提出自己的一些建设性的意见，这种形式比较适合学生对教学内容的拓展掌握。例如高等数学中在学习“导数的概念”时，老师可以利用现实生活中汽车刹车的实例，来提出如何计算汽车在刹车的一段时间内，某一时刻的速度怎么计算？这样很接近现实生活，学生很容易接受任务并很乐意去完成。具体怎么来求出瞬时速度呢？老师引导学生考虑平均速度和瞬时速度的区别和联系，学生很自然计算出某一时刻的瞬时速度，并能够很好地掌握导数的概念和公式，从而达到了我们的教学目的。

总之，任务的设定要结合学生的实际情况和兴趣点，将教学内容融入教学环境中，培养学生的开放性思维和探索知识的能力。

(二) 任务的完成和分析

一般在教师给出任务以后，留有时间让学生自由讨论和自主的搜集学习资料，探讨完成该任务存在什么问题，该如何解决这些问题。能够找到完成该任务所用到的知识点没有学过，这就是完成该任务所要解决的问题。

找到所要解决的问题，在分析该问题时，老师不要直接给出解决问题的方法，而是引导学生，利用已有的知识，利用所需的信息资料，尽量以学生为主体，并给予适当的指导来补充、修正和加深每个学生对问题的认识和知识的掌握。

仍以“导数的概念”为例，当需求出某一时刻的瞬时速度时，首先提出一个任务—求速度的公式，引导学生思考能不能利用该公式求出瞬时速度，如果不能，再提出下一个任务—能不能用平均速度来代替瞬时速度，如果可以的话，需要什么样的条件？当学生能够解决以上问题的时候，继续更有难度的任务—如何将平均速度与瞬时速度联系？引导学生学会利用已有的极限的知识。从而顺利地掌握导数的概念。

在此过程中，老师要充分发挥学生的主观能动性，让学生能够主动独立思考、自主探索，并能够自主总结知识点，这样对培养学生的分析解决问题的能力有很大的帮助。同样也使学生学会了表达自己的见解，聆听别人的意见，吸收别人的长处，并能够和他人团结合作。

老师在此过程中也要时刻注意学生探讨的深度和进度，掌握好课堂的教学进度，并采用适当的措施使得每个学生都能够参与到讨论的活动中。

(三) 效果的评价

当学生完成任务以后，需要老师对结果作出总结性的评价，主要分为两方面的评价：其一是对学生完成任务后的结论的评价，通过评价学生是否完成了对已有知识的应用，对新知识的理解、掌握和应用，达到本节课的教学目的。其二是针对学生在处理任务时的考虑问题思维的扩散和创造能力，和其他同学合作协作的能力，以及对自己见解的表达能力，老师应作适当的评价，能够更加激发学生的学习的兴趣，保持一种良好的学习劲头。

在进行教学评价的过程中，老师也可以引导学生进行自我评价，使得学生对自己在完成任务的过程中出现的问题和没有考虑到的细节进行总结，能够传承长处，改进失误，从而形成一种良性循环。

对教学效果的评价是达成学习目标的主要手段，教师如何利用此达到教学目标，学生如何利用它来完成学习任务从而达成学习目标，都是相当重要的。因此，评价标准的设计以及如何操作实施都是值得关注的。

三、任务驱动教学模式在高等数学教学中的案例分析

（一）任务驱动教学模式的基本环节

创设情境—确定任务—自主学习（协作学习）—效果评价等四个基本环节。

（二）任务驱动教学模式案例分析

以高等数学数列极限这一节教学为例剖析任务驱动法的各环节。

(1) 任务驱动教学模式第一环节是创设情境：情境陶冶模式的理论依据是人的有意识心理活动与无意识的心理活动、理智与情感活动在认知中的统一。教师创设情境使学生学习的数学知识在与现实一致或相似的情境中发生。学生带着“任务”进入学习情境，将抽象的数学知识建立数学模型，使学生对新的数学知识产生形象直观和悬念。

在数列极限这一节教学教师设置以下教学情境：

情境 1：极限理论产生及发展史（PPT）。

情境 2：展示我国古代数列极限成果（电脑软件制作图形演示）：我国古代数学家刘徽计算圆周率采用的“割圆术”，结论“割之弥细，所失之弥少，割之又割，以至于不可再割，则与圆周合体而无所失矣。”

情境 3：极限与微积分的思想（PPT）：微积分它是一种数学思想，“无限细分”就是微分，“无限求和”就是积分。无限就是极限，极限的思想是微积分的基础，它用一种运动的思想看待问题。

直观、形象的教学情境能激发学生联想，唤起学生认知结构中相关的知识、经验及表象，让学生利用有关知识与经验对新知识产生联想，从而使学生获得新知，发展学生的能力。

(2) 任务驱动教学模式第二环节是确定任务：任务驱动法中的“任务”即课堂教学目标。任何教学模式都有教学目标，目标处于核心地位，它对形成教学模式的诸多因素起着制约作用，它决定着教学模式的运行程序和师生在教学活动中的组合关系，也是教学评价的标准和尺度。所以任务的提出是教学的核心部分，是教师“主导”作用的重要体现。

如数列极限教学课中，根据创设的情境确定任务：

①极限理论产生于第几世纪，创始人是谁？他对微积分的主要贡献是什么？

②诗句中“万世不竭”“割圆术”的演示体现了什么数学思想？“割圆术”中，无限逼近于什么图形面积？结合课本思考数列极限的定义的内涵？

③无限与极限之间关系？什么叫微积分？极限与微积分的关系？

④知识建构：A 数列极限无限趋近于无限逼近意义是否相同？B 函数极限形象化定义如何？它与数列极限的区别与联系？C 用图形说明函数值与函数极限的关系？

教师在提出问题（任务）时一定要符合学生认知和高校学生心理特点，教师的问题应简单扼要，通俗易懂。问题一定要让学生心领神会，能进入学生课堂，突显学生主体性地位。

(3) 任务驱动教学模式第三环节是自主学习、协作学习：问题提出后，学生观看

问题情境，积极思考问题。一是真正从情境中得到启发，课堂上由学生独立完成，如以上任务①、②；二是需要教师向学生提供解决该问题的有关线索，如需要搜集资料、如何获取相关的信息等，强调发展学生的“自主学习”能力，而不是给出答案，如以上任务③。对于任务④则需要学生之间的讨论和交流、合作，教师补充、修正，拓展学生对当前问题的解决方案，也是本节课新知构建。

(4) 任务驱动教学模式第四环节是效果评价：对学习效果的评价主要包括两部分内容，一方面是对学生当前任务评价即所学知识的意义建构的评价；另一方面是对学生自主学习及协作学习能力的评价。如微积分与极限的关系，则是下阶段学习内容，需要学生去探索，这一过程可以学生互评，也可以是老师点评，也可以是师生共同完善和探索，得出结论。

四、任务驱动教学模式应用的注意事项

(一) 任务提出应循序渐进

任务的设计是任务驱动教学模式成败的关键所在。老师在提出任务的时候，要注意任务的难易程度，由易到难，将任务细化，通过小任务的完成来实现整体的教学目标。在任务的设计上不能千篇一律，考虑到不同专业的学生的个性差异，设计适合学生身心发展的分层次任务。

(二) 任务设计应具研究性

考虑到任务是需要学生进行自主学习和建构性学习来完成的。因此，要求每个阶段的任务的设计不能直接照搬课本，而是能够展示知识之间的联系和知识具有实际意义下的研究探索性。通过任务的完成，使得学生能够体会到知识的连通性，意识到所学的知识起到承前启后的作用。

(三) 方法实施期间注重人文意识

高等数学作为一门基础公共性的课程，它既含有丰富的科学性，又蕴含着深厚的人文知识。因此，要求教学形式情景化和人文化。任务设计的过程不仅要求学生能够掌握一定的科学文化知识，还需要能对学生的思维方式、道德情感、人格塑造和价值取向等方面都能产生积极的影响。

第二节　分层次教学模式的运用

一、分层次教学的内涵

(一) 含义

分层次教学是依据素质教育的要求，面向全体学生，承认学生差异，改变大一统的教学模式，因材施教，为培养多规格、多层次的人才而采取的必要措施。分层次教学模式的目的是使每个学生都得到激励，尊重个性，发挥特长，是在班级授课制下按学生实际学习程度和能力施教的一种重要手段。

我们承认学生之间是有差异的，但有时这种差异往往又不是显而易见的，对学生属于哪一种层次应持一种动态的观点。学生可以根据考试和整个学习情况作出新的选择。虽然每个层次的教学标准不同，但都要固守一个原则，即要把激励、唤醒、鼓舞学生的主体意识贯穿整个教学过程的始终，特别是对较低层次的学生，需要教师倾注更多的情感。

（二）理论基础

第一，分层次教学源于孔子的“因材施教”思想。在国外，也有差异教学的理论。即：将学生的个别差异视为教学的组成要素，教学从学生不同的基础、兴趣和学习风格出发来设计差异化的教学内容、过程和成果，促进所有学生在原有水平上得到应有的发展。分层次教学正是基于这两种理论，在现有教学软、硬件资源严重不足的情况下，对现代教育理念下学分制的完善和补充。

第二，心理学表明，人的认识总是由浅入深、由表及里、由具体到抽象、由简单到复杂。分层次教学中的层次设计，就是为了适应学生认识水平的差异。根据人的认识规律，把学生的认识活动划分为不同阶段，在不同阶段完成适应认识水平的教学任务，通过逐步递进，使学生在较高的层次上把握所学的知识。

第三，教育学理论表明，由于学生基础知识状况、兴趣爱好、智力水平、潜在能力、学习动机、学习方法等存在差异，接受教学信息的情况也有所不同，所以教师必须从实际出发，因材施教、循序渐进，才能使不同层次的学生都能在原有的程度上学有所得、逐步提高。

第四，人的全面发展理论和主题教育思想都为分层次教学奠定了基础。随着学生自主意识和参与意识的增强，随着现代教育越来越强调“以人为本”的价值取向，学生的兴趣爱好和价值追求，在很大程度上左右着人才培养的过程，影响着教育教学的质量。

（三）特点

美国教育家、心理学家布鲁姆在掌握学习理论中指出，“许多学生在学习中未能取得优异成绩，主要原因不是学生智慧能力欠缺，而是由于未能得到适当的教学条件和合理的帮助”。分层次教学，就是在原有的师资力量和学生水平的条件下，通过对学生的客观分析，对他们进行同级编组后实施分层教学、分层练习、分层辅导、分层评价、分层矫正，并结合自己的客观实际，协调教学目标和教学要求，使每个学生都能找到适合自己的培养模式，同时调动学生学习过程中的异变因素，使教学要求与学生的学习过程相互适应，促使各层学生都能在原有的基础上有所提高，达到分层发展的目的，满足人人都想获得成功的心理需求。因此，分层次教学一个最大的特点就是能针对不同层次的学生，最大限度地为他们提供这种“学习条件”和“必要的全新的学习机会”。

二、分层次教学的意义

分层次教学起源于美国。分层次教学就是针对不同学生的不同学习能力和水平。它符合以人为本素质教育的发展方向，以因材施教为原则，以分类教学目标为评价依据，使不同学生都能充分挖掘自身潜力，从而达到全面提升学生素质，提高教学质量的目的。从20世纪80年代以来，中国也开始加以借鉴，在小学到大学的全部教育阶段内尝试分层次教学方法。

（一）有利于提高学习兴趣

实施分层教学的方法，对非理工类专业的学生降低教学难度，学会高等数学的一些基础知识，发现学习数学的趣味所在；对于理工类等专业的同学，加深高等数学的学习难度，可以避免他们由于感到学习内容过于简单而丧失学习积极性的弊端。各个层次的学生都能够更加认真地学习高等数学的课程，发现学习的乐趣，提高学习水平和学习兴趣。

（二）有利于实现因材施教

教师可以根据不同层次学生的数学基础和学习能力，设计不同的教学目标、要求和方法，让不同层次的学生都能有所收获，提高高等数学的教学、学习效率。教师在课前能够针对不同层次学生的情况，做好充分的准备，有针对性、目标明确，这就极大地提升了课堂教学的效率。

（三）有助于提高教学质量

学生水平参差不齐，教学中难免造成左右为难的尴尬局面。在实施分层次教学以后，教师面对不同层次的学生，无论从教学内容还是教学方法方面都很容易把握，教学质量就自然有所提升。

三、分层次教学的实施

（一）合理分级，整体提升

我国各大高校扩招政策的不断深入，使得我国原本是以一本线招生的各大高校也招入了许多二本分数的学生，加之部分高校还存在文理科混招的现象，进而导致学生的入学成绩差异也越拉越大。因此，分层次教学模式的实施将更符合当前高校学生的学习实际，且以此方式开展高等数学教学，将更能体现出该教学模式的针对性与科学性。当然，采用分层次教学模式，首要工作便是对学生进行合理评级，而要确保评级的合理性，便是采取将学生入学成绩与学生资源结合的方式，以学生自主选择为基础，然后参考学生的入学成绩予以分级，如此方有利于学生学习兴趣与学习主观能动性的调动。与此同时，积极引进合理的竞争机制，还可有效促进学生学习积极性的提升，进而有利于学生整体学习效率的提高。

（二）构建分层目标，合理运用资源

采用分层次教学模式，针对教学的目标也应结合分级原则予以合理设定。通常情况下，针对学习能力强的学生，不应对其做出过多的限定，且需以激发学生的学习潜能为主，以免限制学生在高等数学领域的发展；而针对处于较低层次的学生，则需以掌握基础为主，且针对不同专业的学生，应尽可能为其提供充足的数学知识与能力准备，从而让各层次学生均能对数学的价值、功能以及数学的思想方法有所了解，进而努力促进更多学生由低层次逐步往高层次的方向发展，继而确保课堂教学质量与效率

的有效提升。从理论层面来看，关于学生层次以及教学目标的分级，当然是越细越好，但考虑到我国各大高校庞大的学生数量，加之教学组织与管理方面的难度，加之教学资源的合理运用，因而实际的分层可考虑以AB的方式划分，而针对教学目标的设定还需考虑如下几个方面：一是数学的基本原理与概念，二是解决问题能力的训练方法，三是数学的思想与文化素质。

1. 对基础层次A采用的教学方法与教学策略

针对基础较好且学习能力相对较强的学生，为确保高效的教学效率，首先应致力于学生学习兴趣的提升。对此，教师采取的教学方式应是以鼓励并引导为主。与此同时，促使学生掌握正确的学习方法，如此有利于学生自主学习能力的发展。当然，考虑到学生处于不同层次，教师在教学过程中亦应重视以下几点：第一，要尽可能的直观化抽象的高等数学知识，以方便学生理解；第二，增加立体数量，并立体化相关内容；第三，注重体现教学的启发性；第四，增强教学的趣味性。

2. 对提高层次B应采用的教学方法与教学策略

针对处于B层次之学生，教师的教学除了需侧重于展示教学的概念外，尚需让学生了解一定的定理发展史，以帮助学生理解数学基础知识中所包含的数学思想并同时掌握解决问题的基本方法，继而寻求数学的解题规律，以解释数学的本质。其次则是坚持以解决问题为核心，并采用启发式的教学方式以激发学生的学习潜力。再次则是要积极联系教材，并尽量为学生创设活跃的学习环境，以促使学生自主学习并主动提出问题，进而通过组织学生探讨以找出符合问题描述的解题类型。最终则是根据考研能力的要求设置合理的例题，从而确保针对学生的水平训练能满足日常的训练要求。当然，最为重要的一点还是要对当前的教育理念予以进一步的补充与完善，并针对现有的学分制进行相应的改革，结合现有的教学软硬件等资源条件，让每一位学生都能体会到成功的快感，如此方有利于学生学习积极性的提升。

(三) 分层教学内容，满足知识理解深度

把控教学进度并针对不同层次班级采用不一样的教学内容与方法是分层次教学模式的核心。针对高层次班级，教师应在教授基本知识之余，结合全国硕士研究生入学考试大纲的要求进行适当的拓展，以提升学生对所学知识的实际运用能力，进而促使学生逐步由“学会”往“会学”的方向发展。而针对低层次班级，则需适当降低要求，即在要求学生掌握本科基本内容的前提下，理解部分课本与课本之外的简单习题。与此同时，针对不同层次的班级，即便是相应的内容也应有不一样的要求。如针对层次较高的班级，应对其在知识理解的深度与广度方面提出更高的要求，而低层次班级仅需懂得运用基本的概念与方法以及能用描述性的语言处理问题即可。

(四) 采取分层考核和评分，提升学生主动性

由于采用分层次教学的方式，教师在日常的教学过程中便对学生有着不一样的要求，因而考试的内容也根据最初所划定的学生层次来做出适当的调整，并最终以考试成绩来作为对学生进行再次分级的依据。当然，教师所做之调整也需结合学生意愿，如根据学生意愿将高层次班级中的“差等生”降低到低层次的班级，而将低层次班级的“优等生”上升至高层次班级，如此方能在避免打击学生学习自信的同时提升学生

的学习主动性与积极性。

例如，在学习“数列的极限”内容时，教学目标让学生掌握数列极限的定义，学会应用定义求证简单数列的极限，或从数列的变化趋势找到简单数列的极限。因此，老师在教学之后进行考核的过程中，则可以采取分层考核和评分的方法。其中，针对优等生，老师则不仅需要考核他们掌握基础知识的情况，而且还需要注重考核对爱国主义和辩证唯物主义等知识的掌握；对于水平较低的学生则只需要考核他们是否掌握数列极限的定义，是否学会应用定义求证简单数列的极限。通过采用这种考核方法，能够让不同水平的学生更加全面的认识自己，从而全面提升学生的数学水平。

总之，将分层次教学模式应用于高等数学教学，其目的主要是希望能减轻学生的学习压力，进而促进学生对该专业基础知识的掌握，并以此提升学生的抽象与逻辑思维能力。因此，作为高等数学教师，应将分层次教学模式视作一种教学组织形式，而要充分发挥此种教学形式的作用，关键在于找出学生的认知规律，并持之以恒的加以实践，总结经验教训，如此方能取得良好的教学效果，并确保学生的有效发展。

第三节　互动式教学模式的运用

一、高等数学的课堂教学中师生互动时容易出现的问题

（一）形式单调，多师生间互动，少生生间互动

课堂互动的主体由教师和学生组成。课堂中的师生互动可组成多种形式，如教师与学生全体、教师与学生小组、教师与学生个体、学生全体与学生全体、学生小组与学生小组、学生个体与学生个体之间的互动。由于高等数学课程容量比较大，又是抽象的理论内容居多，所以很多教师采取的互动方式多是教师与学生全体、教师与学生个体，教师提出启发式的问题让全体学生思考，由于时间所限，也只能有个别学生回答问题。这种互动方式没有学生集体讨论的时间就不能广开思路，容易造成学生的思维惰性，起不到培养思维能力和创新能力的作用。

（二）内容偏颇，多认知互动，少情意互动和行为互动

师生互动作为一种特殊的人际互动，其内容也应是多种多样的。一般把师生互动的内容分为认知互动、情意互动和行为互动三种，包括认知方式的相互影响，情感、价值观的促进形成，知识技能的获得，智慧的交流和提高，主体人格的完善等。由于课堂时间有限，高等数学课又是基础课，上课班型基本是大班授课，互动的内容也就尽量集中在知识性的问题上，缺乏情感交流。于是，课堂互动主要体现在认知的矛盾发生和解决过程上，而严重缺乏心灵的美化、情感的升华、人格的提升等过程。这样容易导致师生间缺乏了解，缺乏关怀，加之知识的枯燥，可能会导致教师和学生出现消极情绪。

（三）深度不够，多浅层次互动，少深层次互动

在课堂教学互动中，我们常常听到教师连珠炮似的提问，学生机械反映似的回答，

这一问一答看似热闹，实际上，此为“物理运动”，而非“化学反应”，既缺乏教师对学生的深入启发，也缺乏学生对教师问题的深入思考，这些现象，反映出课堂的互动大多在浅层次上进行着，没有思维的碰撞，没有矛盾的激化，也没有情绪的激动，整个课堂成一单线条前进，而没有大海似的潮起潮落，波浪翻涌。

（四）互动作用失衡，多为“控制—服从”的单向型互动

在分析课堂中的师生角色时，我们常受传统思维模式的影响，把师生关系定为主客体关系。于是师生互动也由此成为教师为主体与学生为客体之间的一种相对作用和影响。师生互动大多体现为教师对学生的“控制”，教师常常作为唯一的信息源指向学生，在互动作用中占据了强势地位。

二、互动式教学模式及优点

互动式教学模式是指在教师的指导下，利用合适的教学选材，在教学过程中充分发挥教师和学生双方的主观能动性，形成师生之间相互对话、相互讨论、相互交流和相互促进，旨在提高学生的学习热情与拓展学生思维，培育学生发现问题、解决问题能力的一种教学模式和方法。互动式教学与传统教学相比，最大差异在一个字：“动”。传统教学是教师主动，学员被动，从而演化为灌输式、一言堂。而互动式教学从根本上改变了这种状况，真正做到了“互动”—教师主动和学员主动，彼此交替、双向输入，多言堂。从教育学、心理学角度来看，互动式教学有四大优点：

第一，发挥双主动作用。过去教师讲课仅满足于学员不要讲话、遵守课堂秩序、认真听讲。现在教师、学员双向交流，或解疑释惑，或明辨是非，学员挑战教师，教师激活学员。

第二，体现双主导效应。传统教学是教师为主导、学员为被动接受主体。互动式教学充分调动学员的积极性、主动性、创造性，教师的权威性、思维方式、联系实际解决问题的能力以及教学的深度、广度、高度受到挑战，教师的因势利导、传道授业、谋篇布局等“先导”往往会被学员的“超前认知”打破，主导地位在课堂中不时被切换。

第三，提高双创新能力。传统的教学仅限于让学员认知书本上的理论知识，这虽是教师的一种创造性劳动，但其教学效果有局限性。互动式教学提高了学员思考问题、解决问题的创造性，促使教师在课堂教学中不断改进、不断创新。

第四，促进双影响水平。传统教学只讲教师影响学员，而忽视学员的作用。互动式教学是教学双方进行民主平等、协调探讨，教师眼中有学员，教师尊重学员的心理需要，倾听学员对问题的想法，发现其闪光点，形成共同参与、共同思考、共同协作、共同解决问题的局面，真正产生心理共鸣、观点共振、思维共享。

三、互动式教学模式类型

互动式教学作为一种崭新的适应学员心理特点、符合时代潮流的教学方法，其基本类型在实践中不断发展，严格地说，“教学有法，却无定法”一般来说，比较适用的互动教学方法有五种方式。

（一）主题探讨法

任何课堂教学都有主题。主题是互动教学的“导火线”，紧紧围绕主题就不会跑题。其策略一般为抛出主题—提出主题中的问题—思考讨论问题—寻找答案—归纳总结。教师在前两个环节是主导，学员在中间两个环节为主导，最后教师作主题发言。这种方法主题明确、条理清楚、探讨深入，能充分调动学员的积极性、创造性；缺点是组织力度大，学员所提问题的深度和广度具有不可控制性，往往会影响教学进程。

（二）问题归纳法

将教学内容在实际生活的表现以及存在的问题先请学员提出，然后教师运用书本知识来解决上述问题，最后归纳总结所学基本原理及知识。其策略一般程序为提出问题—掌握知识—解决问题，在解决问题中学习新知识，在学习新知识中解决问题。这种方法目的性强，理论联系实际好，提高解决问题的能力快；缺点是问题较单一，知识面较窄，解决问题容易形成思维定势。

（三）典型案例法

运用多媒体等手法将精选个案呈现在学员面前，请学员利用已有知识尝试提出解决方案，然后抓住重点作深入分析，最后上升为理论知识。其策略一般程序为案例解说—尝试解决—理论学习—剖析方案。这种方法直观具体，生动形象，环环相扣，对错分明，印象深刻，气氛活跃；缺点是理论性学习不系统不深刻，典型个案选择难度较大，课堂知识容量较小。

（四）情景创设法

教师在课堂教学中设置启发性问题、创设解决问题的场景。其策略程序为设置问题—创设情景、搭建平台—激活学员。这种方法课堂知识容量大，共同参与性高，系统性较强，学员思维活跃，趣味性浓；缺点是对教师的教学水平要求高、学员配合程度要求高。

（五）多维思辨法

把现有解决问题的经验方法提供给学员，或有意设置正反两方，掀起辩论，在争论中明辨是非，在明辨中寻找最优答案。其策略程序为解说原理—分析优劣—发展理论。这种方法课堂气氛热烈，分析问题深刻，自由度较大，缺点是要求充分掌握学员基础知识和理论水平，教师收放把握得当，对新情况、新问题、新思路具有极高的分析能力。

互动式教学模式是一种民主、自由、平等、开放的教学方法。耗散结构理论认为，任何一个事物只有不断从外界获得能量方能激活机体。“双向互动”关键要有教师和学员的能动机制、学员的求知内在机制和师生的搭配机制。这种机制从根本上取决于教师学员的主动性、积极性、创造性以及教师教学观念的转变。

四、师生互动在高等数学教学中所应具备的条件

数学具有高度的抽象性和严密的逻辑性，这就决定了学习数学有一定的难度。所以，在课堂教学中开发学生大脑智力因素、引导学生数学思维更要求师生间有充分的

交流与合作，因而，师生互动也表现得更加突出。而在课堂教学中用某种形式取代了传统教法的现象有目共睹。一堂课的教学并不一定只使用某个特定的教学方法，应该是多种教学思想与教学方法的结合。从这个意义上说未来数学教学的改革应多强调多种教学方法功能的互补性，朝综合方面发展。即把某些教学方法优化组合，构成便于更好发挥其作用功能的综合教学方法。师生互动并不仅是一种教学方法或方式，它实际上是新课改中新的教学理念的具体体现。而要想充分发挥师生互动的作用，就必须理解其在数学教学中所应具备的要件。

（一）确立平等的师生关系和理念

老师是整个课堂的组织者、引导者、合作者，而学生是学习的主体。教育作为人类重要的社会活动，其本质是人与人的交往。教学过程中的师生互动，既体现了一般的人际关系，又在教育的情景中“生产”着教育，推动教育的发展。根据交往理论，交往是主体间的对话，主体间对话是在自主的基础上进行的，而自主的前提是平等的参与。因为只有平等参与，交往双方才可能向对方敞开精神，彼此接纳，无拘无束地交流互动。因此，实现真正意义上的师生互动，首先应使师生完全平等地参与到教学活动中来。

怎样才有师生间真正的平等，师生间的平等并不是说到就可以做到的，这当然需要教师们继续学习，深切领悟，努力实践。如果我们的教师仍然是传统的角色，采用传统的方式教学，学生们仍然是知识的容器，那么，把师生平等的要求提千百遍，恐怕也是实现不了的。很难设想，一个高高在上的、充满师道尊严意识的教师，会同学生一道，平等地参与到教学活动中来。要知道，历史上师道尊严并不是凭空产生的，它其实是维持传统教学的客观需要。这里必须指出的是，平等的地位，只能产生于平等的角色。只有当教师的角色转变了，才有可能在教学过程中，真正做到师生平等。教师应是一个明智的辅导员，在不同的时间、情况下，扮演不同的角色：①模特儿。要演示正确的、规范的、典型的过程，又要演示错误的、不严密的途径，更要演示学生中优秀的或错误的问题。从而引导学生正确地分析和解决问题。②评论员。对学生的数学活动给予及时的评价，并用精辟的、深刻的观点阐述内容的要点、重点及难点，同时以专家般的理论让学生折服。指出学生做的过程中的优点和不足，提出问题让学生去思考，把怎样做留给他们。③欣赏者。支持学生的大胆参与，不论他们做得怎么样，抓住学生奇妙的思想火花，大加赞赏。

（二）彻底改变师生在课堂中的角色

课堂教学应该是师生间共同协作的过程，是学生自主学习的主阵地，也是师生互动的直接体现，要求教师从已经习惯了的传统角色中走出来，从传统教学中的知识传授者，转变成为学生学习活动的参与者、组织者、引导者。学生是知识的探索者，学习的主人。课堂是学生的，教具、教材都是学生的，教师只是学生在探索新知道路上的一个助手。尊重学生的主体地位，要建立师生民主平等环境，赋予学生学习活动中的主体地位，实现学生观的变革，在互动中营造一种平等、包容和融洽的课堂学习气氛。

现代建构主义的学习理论认为，知识并不能简单地由教师或其他人传授给学生，而只能由每个学生依据自身已有的知识和经验主动地加以建构；同时，让学生有更多的机会去论及自己的思想，与同学进行充分的交流，学会如何去倾听别人的意见并做出适当的评价，有利于促进学生的自我意识和自我反省。因此，数学教育中教师的作用就不应被看成“知识的授予者”，而应成为学生学习活动的促进者、启发者、质疑者和示范者，充分发挥“导向”作用，真正体现“学生是主体，教师是主导”的教育思想。所以课堂教学过程的师生合作主要体现在如何充分发挥教师的“导学”和学生的“自学”上；而彻底改变师生在课堂中的角色，就要变“教”为“导”，变“接受”为“自学”。

举个例子，在高等数学教学中，讲一些重要的极限公式时，就可以让学生自己用数形结合的思想推出结论，这样利用已学知识尝试解决疑难问题，学生对本节课的知识点就相当明确，“自学”的过程实际上就是运用旧知识进行求证的过程，也是学生数学思维得以进一步锻炼的过程。所以，改变课堂教学的“传递式”课型，变课堂为学生的自主学习阵地是师生双边活动得以体现、师生互动能否充分实现的关键。

总之，教师成为学生学习活动的参与者，平等地参与学生的学习活动，必然导致新的、平等的师生关系的确立。我们教师要有充分的、清醒的认识，从而自觉地、主动地、积极地去实现这种转变。

（三）建立师生间相互理解的观念

教学过程中，师生互动是一种双边（或多边）交往活动，教师提问，学生回答；教师指点，学生思考；学生提问，教师回答；共同探讨问题，互相交流，互相倾听、感悟、期待。这些活动的实质，是师生间相互的沟通，实现这种沟通，理解是基础。

有人把理解称为交往沟通的“生态条件”，这是不无道理的，因为人与人之间的沟通，都是在相互理解的基础上实现的。研究表明，学习活动中，智力因素和情感因素是同时发生、交互作用的。它们共同组成学生学习心理的两个不同方面，从不同角度对学习活动施以重大影响。如果没有情感因素的参与，学习活动既不能发生也难以持久。情感因素在学习活动中的作用，在许多情况下超过智力因素的作用。

教学实践显示，教学活动中最活跃的因素是师生间的关系。师生之间、同学之间的友好关系是建立在互相切磋、相互帮助的基础之上的。在数学教学中，数学教师应有意识地提出一些学生感兴趣的、并有一定深度的课题，组织学生开展讨论，在师生互相切磋、共同研究中来增进师生、同学之间的情谊，培养积极的情感。我们看到，许多优秀的教师，他们的成功，很大程度上，是与学生建立起了一种非常融洽的关系，相互理解，彼此信任，情感相通，配合默契。教学活动中，通过师生、生生、个体与群体的互动，合作学习，真诚沟通。老师的一言一行，甚至一个眼神，一丝微笑，学生都心领神会。而学生的一举一动，甚至面部表情的些许变化，老师也能心明如镜，知之甚深，真可谓心有灵犀一点通。这里的灵犀就是老师在长期的教学活动中与学生建立起来的相互理解。

（四）在教学过程中师生互动的应用

在教学过程中，师生之间的交流应是“随机”发生的，而不一定要人为地设计出某个时间段老师讲，某个时间段学生讨论，也不一定是老师问学生答。即在课堂教学中，尽量创设宽松平等的教学环境，在教学语言上尽量用“激励式”“诱导式”语言点燃学生的思维火花，尽量创设问题，引导学生回答，提高学生学习能力及培养学生创设思维能力。

古人常说，功夫在诗外（功夫在诗外，是指学习作诗，不能就诗学诗，而应把功夫下在掌握渊博的知识，参加社会实践上），教学也是如此，为了提高学术功底，我们必须在课外大量地读书，认真地思考；为了改善教学技巧，我们必须在备课的时候仔细推敲、精益求精；为了在课堂上达到“师生互动”的效果，我们在课外就应该花更多的时间和学生交流，放下架子和学生真正成为朋友。学术功底是根基，必须扎实牢靠，并不断更新；教学技巧是手段，必须生动活泼，直观形象；师生互动是平台，必须师生双方融洽和谐，平等对话。如果我们把学术功底、教学技巧和师生互动三者结合起来，在实践中不断完善，逐步达到炉火纯青的地步，那么我们的教学就是完美的。

建立体现人格平等、师生互爱、教学民主的人文气息，促进师生关系中的知识信息、情感态度、价值观等方面相互交融，就必须不断加强师生的互动。在尊重教师的主导地位、发挥教师指导作用下，必须给学生自主的“五权”，即“发言权”“动手权”“探究权”“展示权”“讨论权”，凸现学生的主体地位。在互动中，教师和学生可以相互碰撞，相互理解；教师在互动中激励和唤醒学生的自主学习、主动发展；学生在互动中，借助教师的引导，利用资源，得到发展。只有充分认识师生互动双方的地位，才能促进学生学习方式的转变和教师教学理念的更新，只有充分发挥互动的作用，才能促进师生之间、生生之间的有效互动，才能收到事半功倍的教学效果，才能促进师生关系的和谐发展与进步。

五、互动式教学模式的教学程序

互动式教学模式在高等数学教学中一般可分为六个阶段。

（一）预习阶段

即课前预习，是老师备课、学生预习的过程。老师根据学生的个性差异备好课，学生根据老师列出的预习提纲和内容进行自我研究，或者同学之间互相探讨，从中寻找问题、发现问题、列出问题。对于学生暴露出来的问题，教师作详细分析，并对这些问题如何解决提出对策和方法，进行“二次备课”。

（二）师生交流阶段

这一环节是上一环节的升华。教师要组织学生针对普通的问题，结合教材，归纳出需要交流讨论的问题，然后提出不同看法并进行演示，共同寻找解决问题的办法，倡导学生主动参与、乐于探究、勤于动手，培养学生获取知识、解决问题以及交流合作的能力。

（三）学生自练阶段

学生根据师生交流的理论知识和师生演示提供的直观形象，进行分组练习，互相探讨，老师巡回指导，为学生提供充分的活动和交流的机会，帮助学生在自主探究过程中真正理解和掌握相关知识。

（四）教师讲授阶段

这一阶段是师生进行双边活动的环节，是课堂教学的主导。在自练之后教师进行讲解，突出重点、难点，让每个学生反复思考，积极参与到解决问题的活动中来，充分发挥民主，各抒己见。而学生则根据老师的讲解、示范不断改进，直到解决问题为止。这一环节要求老师有精细的辨析能力和较高的引导技巧。

（五）学生实践阶段

练习是课堂教学的基本部分，它充分体现了以学生为主体的教学理念在教学过程中，老师有目的的引导学生将所学知识技能应用到实践中，采用自发组合群体的分组练习方法以满足学生个人的心理需求，并尽可能安排难度不一的练习形式，对不同层次的学生提出不同层次的要求，尽可能地为各类学生提供更多的表现机会。练习的方式要做到独立练习和相互帮助练习相结合，使学生在练习中积极思考，亲自体验，并从中找到好的方法与经验，从而提高了学生的应用问题和解决问题的能力。

（六）总结复习阶段

此阶段是课堂教学的结束及延伸部分，在教学中，学生可以自由组合，互相交流，互相学习，这样既可以培养学生的归纳能力，又能够使身心得到和谐的发展。最后老师画龙点睛，总结本课优缺点以及存在的问题，并布置课后复习，要求学生的课余时间对所学的内容进行复习，加强记忆。

总之，高等数学是一门重要的基础课，它对于学生后续课程的学习有重要的作用。在高等数学课程教学中，应用互动式教学，使学生由被动变为主动，提高了学习兴趣，同时也增进了老师和学生之间的沟通与交流，在高等数学教学中，互动式教学模式不失为一种好的教学方法。

第四节　翻转课堂教学模式的运用

一、翻转课堂教学模式解析

狭义的“翻转课堂”指的是为学生制作与课程相关的短小视频，将其布置给学生作为课前自主学习的任务，而广义上的“翻转课堂”则包括布置给学生课前或课后自学的主要学习资料和任务，而在课堂上我们老师要进行的则是针对学生在自学过程中遇到的问题答疑、解惑、讨论和交流的学习模式。在翻转课堂中，教师的角色不再单单是课程内容的传授者，更多的变为学习过程的指导者与促进者；学生从被动的内容接受者变为学习活动的主体；教学组织形式从“课堂授课听讲＋课后完成作业”转变为“课前自主学习＋课堂协作探究”；课堂内容变为作业完成、辅导答疑和讨论交流等；技术起到的作用是为自主学习和协作探究提供方便的学习资源和互动工具；评价方式呈现多层次、多维度。

二、关于翻转课堂内容的选择

翻转课堂内容的选择，也是有方法和技巧的，对于学的比较好的班级，应该选择综合性比较强，包含知识点多的章节作为翻转内容，这样学生在课下学习的过程中会主动地去翻书，查找资料，复习和学习更多的内容。前期，老师对问题的选择也很重要。教师要选择和学生生活、学习以及专业相关的问题。例如财会的学生，可以选择和经济相关的内容，土木工程和工程管理专业的学生可以选择和积分相关的内容。

三、教师前期准备工作

在翻转课堂的实施过程中，教师前期的准备工作显得尤为重要。前期要进行翻转内容的筛选、材料的搜集、视频和 PPT 的制作、作业的布置、学习流程指导等，完成以后将所准备的材料打包放到班级群共享或者网络平台里面供全班同学参考。在做好上课前的预习准备工作的同时，将全班同学进行分组，并为各个小组分配好具体任务。当然，在这期间，小组长要跟老师进行沟通，寻求参考意见和帮助，目的是让整个课程的设计流程更加流畅，环节更加缜密，效果更为理想。另一方面，教师最好在前一次课给出具体的要求以及下次课将要考察的内容，让学生提前学习做好准备，同时针对学习方法给学生提出意见和建议。

四、课堂翻转过程

根据翻转课堂的宗旨，课堂将转换为教师与学生的互动，主要以答疑交流为主，教师要帮助学生自己消化课前学习的知识，纠正错误，加深理解。因此在课堂教学中，第一阶段的主要任务是答疑和检查学生的学习效果，针对翻转章节，将内容细化为七到十个知识点，随机抽取各个小组来讲解自己的答案，这一过程极大地激发了学生的学习兴趣，大多数小组会制作出非常精美的 PPT 和课程报告。这一部分的讲解将使得部分学生完成对知识点的吸收和内化，为第二阶段打下了牢固的基础。第二阶段主要是教师的点评和学生学习效果的检验过程。后期针对学生的讲解老师要进行认真点评，不但要肯定学生的学习态度和能力，还要给出有效的建设性意见，对学生的学习有一定的鼓励作用。同时要针对翻转内容让学生做一个 20 分钟左右的小测验。

五、基于翻转课堂教学模式的高等数学教学案例研究

（一）教学背景

曲线积分是高等数学的重要内容，主要研究多元函数沿曲线孤的积分。曲线积分主要包括对弧长的曲线积分和对坐标的曲线积分。对坐标的曲线积分是解决变力沿曲线所做的功等许多实际问题的重要工具，在工程技术等许多方面有重要应用。格林(Green) 公式研究闭曲线上的线积分与曲线所围成的闭区域上的二重积分之间的关系，具有重要的理论意义与实际应用价值。

（二）教学目标

课程教学目标包括三个方面：知识目标、能力目标、情感目标。

1. 知识目标

理解和掌握格林公式的内容和意义，熟练应用格林公式解决实际问题，了解单连通区域和复连通区域的概念，理解边界线方向的确定方法。

2. 能力目标

通过实际问题的分析和讨论，增强学生应用数学的意识，培养学生应用数学知识解决实际问题的能力，通过推导和证明，培养其严格的逻辑思维能力。

3. 情感目标

通过引入轮滑等身边实例，使学生认识到所学数学知识的实用性，结合生动自然的语言，激发其学习数学的兴趣。

（三）教学策略

1. 采用线上线下相融合的翻转课堂教学模式

课前线上学习、小组讨论，课上教师讲解、同学汇报，师生讨论、深化提高。

2. 采用以问题为驱动的教学策略

以轮滑做功问题引入，围绕下列问题渐次展开：第一，什么是单连通区域、复连通区域？如何确定边界曲线的正向？第二，格林公式的条件和结论，如何证明？第三，格林公式的具体应用。

3. 采用实例教学法，激发学生学习兴趣

利用生活中的滑轮问题，引入力、路径和功之间的关系，激发学生兴趣；然后提出计算问题，使其认识到探索新方法的必要性，引导学生主动思考和应用格林公式。

4. 采用典型例题教学法，巩固教学重点

通过分析典型例题，使学生深入理解格林公式在计算第二型曲线积分中的作用。学生通过分析典型例题的求解思路和方法，融合比较分析技术，自己总结规律和技巧，掌握格林公式的应用，同时巩固格林公式的理论和方法。

（四）教学过程

1. 问题导入——轮滑做功问题

假设在轮滑过程中，滑行路线为 L：$(x-1)+y=1$，求逆时针滑行一周前方对后方所做的功。

分析：该问题是变力沿曲线做功问题。

由第二类曲线积分的计算方法，令 $x=1+\cos t$，$y=\sin t$，然后让同学们思考，如何计算该定积分？同学们讨论后发现，积分求解困难，统一变量法失效，发现化为定积分方法的局限性。求解这样一个闭曲线上的积分，需要寻求新的方法，这就是格林公式，从而引出本节教学内容。

板书本节课的主要问题（后续教学紧紧围绕这三个问题展开）。

第一，什么是单连通区域、复连通区域？如何确定边界曲线的方向？第二，格林公式的条件和结论，如何证明？第三，格林公式的具体应用。

2. 单（复）连通区域

在讨论格林公式之前，先讨论关于区域的基本概念。通过平面封闭曲线围成平面区域这一事实，引入平面区域的分类和边界线的概念。

请同学们汇报网上学习的情况。有同学主动要求汇报，学生在黑板上画图并通过图形叙述了单（复）连通区域的概念以及边界曲线正向的确定方法，教师对学生汇报情况加以肯定，强调复连通区域内外边界线方向的不同，并进一步拓展为内部有多个

“洞”的情况。

3. 格林公式

我们知道平面区域对应着二重积分，而其边界线对应着曲线积分，这两类积分之间有什么关系呢?

请同学根据线上学习情况汇报。有同学带事先准备好的讲稿主动要求到讲台讲解。先板书定理内容，然后画图，结合图形分析证明思路。要求学生仅针对区域既是X型又是Y型的情况进行证明。利用积分区域的可加性，其他情况可以类似证明。

教师提问：定理的条件为什么要求被积函数具有一阶连续偏导数呢?

学生讨论后发现：定理证明过程中用到了偏导数的二重积分，因而要求连续。

教师提问：格林公式对复连通区域成立吗?

师生共同讨论：通过给一个具体区域形状，根据分割方法，将一般区域问题化为几个简单问题。利用对坐标的曲线积分的性质，可以证明，格林公式同样成立。

为了便于记忆，我们把格林公式的条件归纳为：“封闭”“正向”“具有一阶连续偏导数”。

4. 格林公式的具体应用——典型例题分析

(1) 直接用格林公式来计算轮滑做功问题求解，让学生体会格林公式的作用，回应问题引入。

(2) 间接用格林公式来计算对坐标的曲线积分，其中L是上半圆周，沿逆时针方向。

教师提问：能否直接使用统一变量法？若不能，能否利用格林公式?

学生回答：不满足格林公式的条件。

教师进一步启发：能否创造条件，使之满足定理的条件?

师生经过共同分析之后，认为可以采取补边的办法。

(3) 被积函数含有奇点情形。如计算曲线积分，其中L为一条无重点、分段光滑且不经过原点的连续闭曲线，取逆时针方向。分析：一条抽象的连续闭曲线，其内部可能包含原点，也可能不包含原点。若包含原点在内，则原点为被积函数的奇点，不能直接使用格林公式。

师生共同探讨之后，认为可以采取“挖去”奇点的办法解决。

5. 内容总结

课堂总结复习，回顾格林公式的内容和求闭曲线上的线积分的基本方法。布置课后作业，掌握格林公式的应用。重点复习格林公式的理解和应用。

(五) 教学反思

课题教学从实际问题出发，导出问题，分析问题，围绕问题展开讨论。采用了线上线下相融合的翻转课堂教学模式，学生通过课前线上学习，课堂汇报，充分体现了学生的主体地位，发挥了学生学习的积极性和主动性。课堂教学运用了问题驱动的教学方法，层层递进，环环相扣，知识内容一气呵成。重点强调了公式的条件和应用方法。但在学生汇报环节，个别学生参与度不够，体现出线上学习不够深入。

第五节　“三合一”教学模式的运用

一、高等数学“三合一”教学模式

高等数学“三合一”教学模式主要是指在高等数学的教学过程中，设计一些有针对性的实验课内容，将数学建模、Matlab辅助求解融入高等数学的教育教学中。它与传统的高等数学、数学建模、数学实验（Matlab操作）三门课独立教学完全不同，是将数学建模方法、Matlab辅助求解融入高等数学的教学，旨在促进学生更加深入地理解数学思想内涵，简称“三合一”教学。

二、高等数学“三合一”教学的方案设计

为了将传统的高等数学、数学建模、数学实验三门课程的教学目标有机地融合在一起，使得学生能够更好地理解数学知识，增强数学应用意识，感受数学计算的便捷性，高等数学“三合一”教学模式主要侧重在原来的单一的理论课的讲授方式上再加入三种实验课形式：概念形成体验课、数学辅助计算工具体验课、数学建模应用体验课。

（一）概念形成体验课

高等数学课程中的导数、定积分这两个概念就适合用体验式的学习方式，由于概念描述篇幅很长，思路较为繁琐，又涉及极限思想，所以普通教学模式下，学生学完后对导数和定积分的本质还是不清楚，而采用概念形成体验课就能让学生对概念表示的式子理解得更加深刻。

（二）数学辅助计算工具体验课

一直以来，高等数学课程的教学给人的印象就是极限、导数、积分的计算技巧训练课，其中的运算繁琐且困难，很多学生就是在漫长的计算训练中慢慢失去对数学的兴趣和信心。数学辅助计算工具体验课是学生在完成基本概念和基本运算的学习后，到实验室体验数学软件的辅助计算功能，体验有了工具辅助后数学运算的便捷性。如在完成极限、导数、积分的概念与运算的学习后，推荐学生应用Matlab进行极限、导数、积分计算，利用Matlab可以非常快捷地得到结果，不需要考虑具体表达式的计算技巧。这样，学生就可以避免枯燥和繁琐的计算，节省出大量的精力和时间，以轻松的心态了解极限、导数、积分的基本思想方法。

实验的具体设计如下。

（1）实验目的：熟悉Matlab中的求极限、导数、积分命令（limit，diff，Int）。

（2）实验内容：选取常见初等函数结合重要极限性质进行计算；对复合函数、隐函数求导；极值和最值问题；积分的换元、分部积分方法等。利用编程简化计算过程，熟悉常见指令的使用方法，从而实现利用Matlab帮助解决实际数学问题。

数学辅助计算工具体验课的设计意图是给学生提供一种快速进行微积分计算的新途径，节省计算的时间，把学生的学习重点引导到微积分的核心思想上。这种实验体

验课所占课时较少，但是培养学生实践能力的效果突出。学生能够利用软件工具，掌握基本操作命令，熟悉编程的基本步骤，就可以实现辅助计算。

（三）数学建模应用体验课

数学建模是数学应用的重要形式，主要通过实际背景提出问题、建立数学模型、应用适当方法求解问题的一系列过程，促进学生理解数学基础知识、提高综合应用能力。高等数学课程中导数的应用、积分的应用、微分方程等模块的内容就适合设计数学建模应用体验课，学生通过亲自动手，体验数学知识并结合实际生活，拉近抽象知识与现实的距离，将数学方法和思想深刻植入心中，影响深远。

数学建模应用体验课的具体设计以“椅子在地上能不能放稳?”建模练习为例。

（1）实验目的：了解建立实际问题的数学模型的一般过程；感受数学与现实的关系，体会学好微积分知识的重要性。

（2）问题导入：在日常生活中有这样的现象：椅子放在不平的地面上，通常只有三只脚着地，然而只需稍微挪动几次，一般都可以使四只脚同时着地，建模说明此种现象。

（3）建立数学模型：模型假设、建立模型、模型求解、评注和思考。经过假设，将生活中椅子四脚着地问题抽象为数学问题。

模型的求解即用连续函数的基本性质（零点定理）证明上面的数学问题。

（4）实验总结：感受零点定理在实际生活中的应用，学习数学建模的方法。

数学建模应用体验课的设计意图：主要是通过从实际问题到数学问题的抽象、求解，再回到解释说明实际现象的思维过程体验，使得学生对数学知识的本质认识得更加深刻、形象，原来课程中枯燥无趣的数学定理、计算方法，有了对应思维数学模型后，变得生动立体，学生理解和记忆就变得简单。有时在求解数学模型的过程中还要借助数学软件计算才能很好地计算出结果，这也锻炼了学生的计算机计算能力。

三种体验课：概念形成体验课、数学辅助计算工具体验课、数学建模应用体验课是配合理论课的学习而设计的，其设计的具体教学过程的最终目的是希望学生更好地理解数学的基本理论知识，体会数学的应用价值，提高利用计算机进行辅助探究的综合能力。数学实验的体验，使得抽象的数学概念公式具体化；数学辅助计算工具体验课通过数学软件的辅助，快速地进行微积分运算，使得繁琐的数学运算变得轻松愉快；数学建模应用体验课通过构建数学模型的练习，让学生所学的知识踏实落地，使数学与现实水乳交融。总之，所有的体验都是为了让学生从传统的数学学习的“记、背、算”的模式解脱出来，真切地领会数学的核心思想方法，直接感悟数学的深邃理论，使学生最终获得持续永久的数学思维能力，并且通过数学实验的体验操作，提升学生参与数学课堂的热情，激发学生对高等数学的学习兴趣。

第五章　数学教学与思维创新的融合效果评价

第一节　总结性评价的运用

一、总结性评价的特点

总结性评价的首要目的是给学生评定成绩，其次为学生作证明或对某个教学方案是否有效提供证据。

总结性评价有以下三个基本特点：

总结性评价的目的，是对学生在某个教程或某个重要教学部分上所取得的较大成果进行全面的确定，以便对学生成绩予以评定或为安置学生提供依据。

总结性评价着眼于学生对某门课程整个内容的掌握，着重于测量学生达到该课程教学目标的程度。因此，总结性评价进行的次数或频率不多，一般是一学期或一学年两到三次。期中、期末考查或考试以及毕业会考等均属此类。

总结性评价的概括性水平一般较高，考试或测验内容包括范围较广，每个题目都包括许多构成该课题的基本知识、技能和能力。

二、总结性评价的用途

总结性评价可以发挥多种用途，某次总结性考试的结果也可用不同方式加以利用。如果教师在设计评价时已确定了一个或几个预期目的，那么总结性考试结果的利用就可能会更令人满意。

总结性评价结果最常提到的用途有以下几个：

（一）评定学生的学习成绩

在学校工作中，总结性评价最常见的用途是评价学生的学习成绩。教师通过日常观察和几次总结性考试，对学生的进步幅度和达到教学目标的程度予以确定并打出分数、评出等级或写出评语。

总结性评价的等级成绩一般是几次总结性考试（考查）或作业得分的综合。在进行这类评价时，教师常常将几次得分综合起来并加权，从而得出学生在这段教程中的总成绩或平均成绩。

（二）预言学生在后继教程中成功的可能性

总结性评价的结果也常被用来预言学生在随后一门课程或一段教程的学习中是否可能取得成功。一般说来，在某门学科的总结性测评中成绩好的学生，大多数在其他学科或该学科的其他部分的学习中也会获得好的成绩。但学生的学习能力和学习结果不是恒定的，学生在各个学习阶段上的进步也不可能是匀速的。因此，教师在利用总结性考试结果预测学生的学习潜能时，务必要谨慎小心。

（三）确定学生在后继教程中的学习起点

在这一点上，总结性评价的用途与形成性评价和诊断性评价基本相同。某个阶段结束时的总结性评价结果，既可作为确定学生在下一个阶段的学习中从何起步的依据，也可以反映学生对下一阶段学习在认知、情感和技能方面的准备程度。

不过，要使总结性评价的结果成为确定学生在后继教程中的学习起点，有一点是至关重要的，这就是总结性评价不能只用分数或单一的综合分表示而应伴随比较详细、具体的评语，最好是编制一份关于该学生学习成绩的，“明细规格表”，用内容—行为这两个维度来表明学生已经掌握了哪些知识和技能、具备了哪些能力或哪些进一步学习的先决条件。否则，单一的分数不可能给后继教程的教师提供有助于确定学生学习起点的有用信息。

（四）证明学生掌握知识、技能的程度和能力水平

总结性评价的结果也可用来证明学生是否已掌握了（至少在当时）某些必备的知识和技能并具备了某些特殊的能力。由于这类考试把重点集中在某些特定内容的行为表现及其特点上，因此测试题必须认真挑选，评定也必须具体。此外，在这类评价中，人们往往假设了一个“最低分数线”来表示“最低能力水平”，如同司机驾驶执照考试一样，达到或超过这个水平，学生就能胜任进一步的学习任务。

总结性评价的结果用于证明必须非常谨慎。如果评价结果的效度和信度不高，就会使依据这种结果做出的决策有误，这对学生前途的消极影响是深远的，甚至是难以估量的，会使在某方面有发展前途的学生可能从此被埋没。因此，在把总结性评价用于证明时，教师需要掌握较高级的测试和评价技术，并且应在评价专家的指导下进行。而且，即使有评价专家的指导，有时也未必能完全客观、准确。

（五）对学生的学习提供反馈

总结性评价大多数在阶段教学任务完成时或在期末进行。如果总结性考试（考查）测试的是学生在某一阶段的学习结果，或者是反映学生对各个单元学习任务的掌握程度，那么它可为学生提供其前一段学习情况的有关信息，起到的是反馈作用，使学生要么从中受到鼓励，要么从中纠正前段学习中的错误或改进自己的学习方法。即使是期末进行的总结性考试，如果考试编排巧妙、评分得当，学生仍然可以从评价结果中获得有用的信息，了解自己对这门课程的掌握程度、存在的问题和难点，并总结自己的成功之处。这些信息将有助于学生明确下一阶段或下一学期自己的努力方向并确立自己的学习目标。

要使总结性评价对学生的学习起积极的推动作用，关键的一点，是在综合评分中必须包括各个试题的分项得分，必要时还要给出评语和指导语。

三、总结性评价在高等数学教学中的具体应用

（一）单元测试以及期中测试等形成性评价

若高等数学课程学期课时较长，则会安排期中闭卷考试，属于停课集中测试类型，

而每个章节结束，由教师进行系统复习后，学生会要求完成单元测试 A，往往采用随堂测试的方式，对学有余力的学生会提供更有难度的 B 组测试题供课后复习回顾。该类测试不带有鉴定性色彩，采取较随机的方式，以不加重学生的学业负担为原则。这两类考试成绩占总分的 20%，阶段性的评价对平时学习散漫的学生无疑至关重要，能让他们对前一阶段的学习成果自查，并敲响警钟；对全体学生来说，高等数学的期中考试是踏入大学的第一次闭卷性正规测试，以便能让他们端正学习态度，适应大学学习生活，了解自身对基础知识、基本概念、解决问题的能力的掌握情况，查找出自身的问题和不足，及时弥补，趋利避害，既是形成性评价，又可称为“前瞻性”的评价。

（二）期末闭卷考试

对学生高数学习成果和教师教学效果的鉴定最传统的方式即为期末闭卷考试，一般占学期评定成绩的 40% 左右。我们对同一专业的学生，采取统一试题（分 A、B 卷），统一评卷，其目的是通过统一考核，分析各班的教学和学习情况。试卷一般是从比较完善的题库中抽取，今后将要完成题库计算机管理、组配试卷和部分客观题机器阅卷等方式，包括记忆、理解、简单运用、综合运用、逻辑演绎等方面，使总结性评价的时效性、客观性、科学性得到体现，也将尽可能地减轻任课教师的工作负担。

对于不同教学模式的考核，试卷编制也不尽相同，尤其是分层教学模式和翻转教学模式。此类新型模式的引入，使原本考查学生对高数基础知识的掌握、基本方法的运用，得到扩充。层次较低的目标一般用客观性试题进行测试，如选择填空题、是非题、计算题、问答题等，较高层次的目标一般在前面这些题的基础上会增加应用类型问题、分析题、证明题。翻转教学模式更适用于检测学生的自主学习能力，可添加一题多解类型，并加入一些简单的 Matlab 数学软件知识题，以巩固学生对上机内容的了解，同时获得学生关于本课程的总结性评价。

第二节　形成性评价的运用

一、形成性评价的特点

形成性评价是在教学进行过程之中，为引导该项教学前进或使教学更为完善而进行的对学生学习结果的确定。

总结性评价考试次数少、概括水平高，只给学生的学习结果以单一的综合评分且只对已完成的学习做出总结性确定，这样极易在学生中引起情感上的焦虑和抵触，因此有人提出，在教学中，应当使用另一类评价，这类评价注重对学习过程的测试以及测试结果对学生和教师的反馈，并注重经常进行的检查。其目的主要是利用各种反馈改进学生的学习和教师的教学，使教学在不断地测评、反馈、修正或改进过程中趋于完善，从而达到教学的终极目标。这类评价就是“形成性评价”。

心理学的研究成果和教育实践经验表明，经常向教师和学生提供有关教学进程的信息，可以使他们了解在学习中易犯的错误和遇到的困难。如果学生和教师能有效地利用这些信息，按照需要采取适当的修正措施，就可以提高教学效率，就可以使教学成为一个“自我纠正系统”。

与总结性评价不同，形成性评价的主要目的不是给学生评定等级成绩或做证明，而是改进学生完成学习任务所必备的主客观条件。

与总结性评价不同，形成性评价的测试次数比较频繁，主要在一个单元、课题或新的概念和原理、新的技能的初步教学完成后进行。正是这一点才使形成性评价能及时为师生提供必要的反馈。

与总结性评价不同，形成性评价的概括水平不如前者那样高，每次测试的内容范围较小，主要是单元掌握情况和学习进步程度测试。这类评价旨在确定每一个学生在一个单元学习中已经掌握的内容以及为了顺利进行下一步学习还需掌握的内容，并帮助每一个学生再次学习那些尚未掌握的要点。

简言之，总结性评价侧重于确定已完成的教学效果，是“回顾式”的；形成性评价侧重于教学的改进和不断完善，是“前瞻式”的。

就形成性评价的设计与实施来看，最重要的是，“反馈一定得伴随各项改正程序”，以便使学生“为今后的学习任务做好充分准备”，这些改正程序包括：给学生提供内容相同但编写形式不同的教材和教学参考书；由几个学生互相讨论和复习有关的教材内容；教师对学生进行个别辅导以及由家长对子女进行辅导；等等。

二、形成性评价的用途

（一）改进学生的学习

形成性测试的结果可以表明学生在掌握教材中存在的缺陷和在学习过程中碰到的难点。当教师将批改过的试卷发给学生并由学生对照正确答案自我检查时，学生就能了解这些缺陷和难点，并根据教师的批语进行改正。有时，当教师发现某个或某些题目被全班大多数或一部分学生答错时，可以立即组织班级复习，重新讲解构成这些测试题基础的基本概念和原理；如有可能，教师应该用不同于先前的教学方式进行复习。当有些错误只存在于个别学生身上时，教师可提供符合其特点的纠正途径，或者制定自修教科书的相应内容，或者进行个别辅导，或者由两三名学生组成小组讨论。

（二）为学生的学习定步

用评价结果为学生的学习定步是形成性评价的另一个有效用途。某门学科的教学总是可以划分为若干个循序渐进、相互联系的学习单元，学生对前一个单元的掌握往往是学习下一个单元的基础。形成性评价可以用来确定学生对前面单元的掌握程度，并据此确定该生下一单元的学习任务与速度。如果形成性测试能有计划地进行，就可以使学生一步步地（一个单元接一个单元）掌握预定的教学内容。

（三）强化学生的学习

形成性评价的结果可以对已经完成或接近完成某一单元学习任务的学习起积极的强化作用。正面的肯定，一方面通过学生的情感反应加强了学生进一步学习的动机和积极性，另一方面也通过学生的认知反应加深了学生对正确答案（概念、法则、原理等）的认识，并在与错误答案的比较中澄清含糊的理解和不清晰的记忆。

要使形成性评价发挥这种强化作用，重要的一点是，形成性测试不要简单地打等第分数，而应通过适当的形式让学生较容易地知道他是否已经掌握了该单元的学习内容。如已掌握或接近掌握，应明确指出；如没有掌握，应尽可能地使用肯定性和鼓励性的评语，并提出改进建议。在使用形成性测试时，切忌简单打分，因掌握程度较低的学生反复获得低成绩会使他们失去学习的兴趣。反复获得失败的体验，将使学生对自己学习某门课程的能力产生怀疑，甚至丧失干其他事情的自信心，无法以饱满的情绪投入学习。

(四) 给教师提供反馈

形成性评价可以给教师提供有关其教学效果的必要反馈。通过对形成性测试结果的分析，教师可以了解：自己对教学目标的叙述是否明确？教材的组织和呈现是否有结构性？讲授是否清晰并引导了学生的思路？关键的概念、原理是否已经讲清、讲透？使用的教学手段是否恰当？等等。这些信息的获得将有助于教师重新设计和改进自己的教学内容、方法和形式。

要把形成性评价用于改进教学，教师首先应把测试引向提供信息，而不要把它作为简单地鼓励学生学习或终结性评价收集资料的手段。其次教师应把形成性评价测试和对学生的日常观察结合起来，把从学生的课堂行为中获得经常性反馈与通过形成性测试获得的反馈结合起来，从而清楚地了解自己的教学。再次教师应仔细地分析测试的结果，逐项鉴别学生对每道试题的回答情况。如果班上大多数或相当一部分学生对某个试题的回答有误，那就说明，很可能自己的教学在这个方面有问题，应及时予以调整。

三、形成性评价在高等数学教学中的具体应用

(一) 完善评价体系

学校应不断改进和完善教学评价体系，对学生的学习状况及学习成果做出合理的评价是十分重要的。例如，部分学校为促进学生积极参与课堂教学活动，学生的课程总成绩（100%）等于终结性评价（60%）加上形成性评价（30%）的方式。其中形成性评价中有课堂纪律、课后作业、课堂参与情况等，终结性评价则为学生期末的试卷考试成绩。

(二) 提高对行为评价的重视度

高校学生出现上课迟到或早退、看手机、不听课、旷课等情况十分普遍，为了激励学生积极参与到课堂学习中，对学生在课堂上的行为以及学习习惯等进行评价，并以一周一小结的方式，将学生的行为评价得分反映出来，在每个月的月初对上个月学生的总体行为评价或开学起至评价日的总体评价成绩在班级上公布。如此，将会为学生参与课堂学习起到激励作用。

(三) 作业完成情况的评价

由于部分学生不爱完成课内外作业，或者抄袭别人的作业，因此采取对学生的作业完成情况进行评价。对课堂作业的评价包括学生的笔记情况，完成教师课堂布置的题目情况；课外作业的评价则包括对学生必须完成与选择完成的作业进行评价，促进学生积极完成作业巩固所学知识。在每次的课内与课外作业作出评价后，然后将评价结果及时反馈给学生，促进学生及时完成作业，并积极认真完成作业，从而提高学生的数学成绩。

(四) 提高单元测试对学生的学习促进作用

高校的高等数学教学中，应积极提高单元测试的作用，在每完成一个单元的教学内容后，及时对学生的学习状况做出测试和评价，并了解学生知识掌握的不足，利用课后自习的时间指导学生补充知识，提高前后知识之间的连贯性。另外，应将单元测试成绩按一定的比例纳入学生的期末总成绩评价中，调动学生的学习积极性。

在大量的实践研究中均表明，形成性评价对高校高等数学的学习具有很大的促进作用，能有效调动学生的学习积极性，从而促进学生高等数学知识的学习。虽然高校的学生数学知识整体较差，学生也不太愿意学习数学知识，课堂上经常出现违纪情况，如果利用形成性评价对学生的课堂参与情况、单元知识完成情况、课堂作业完成情况、学习态度与行为等进行综合评价，将有利于促进学生学习积极性的提高，从而提高学生的高等数学学习成绩。

第三节　诊断性评价的运用

一、诊断性评价的特点

医生要祛除患者的疾病，对症下药，就必须对患者进行仔细的诊断。教学工作也一样。教师要想制定适合每个学生的特点和需要的有效教学策略，必须了解学生，了解他们对所要学习内容的态度和水平，了解导致学生学习成功或失败的原因等。了解学生的手段之一，就是对学生进行诊断性测试。不过，教育中的“诊断”含义较广，它不限于查明、辨别和确认学生的不足和“病症”，它也包括对学生的优点和特殊才能的识别。教育诊断的目的，不是给学生贴标签，证明其在学业上“能”与“不能”，而是根据诊断结果设计一些依赖和发挥学生的长处，并补救或克服其短处的活动方式，即在了解学生的基础上“长善救失”，帮助学生在原有的基础上和困难的范围内取得最大进步。

对学生的诊断不仅可以单独设计和进行，而且可以利用总结性评价和形成性评价的结果来设计和进行。

二、诊断性评价的用途

学年或教程开始之前的诊断性评价，主要用来确定学生的入学准备程度并对学生进行安置；教学进程中的诊断性评价，则主要用来确定妨碍学生学习的原因。

(一) 确定学生的入学准备程度

学校和教师如果打算使每个学生都喜欢学校学习并积极参与教学活动，就必须通过诊断性测试和其他方式了解学生的入学准备程度。如果教师能辨别出学生在情感、认知风格、语言及技能方面的缺陷和特点，就可据此确定每个学生的教学起点并采取某些补救性措施，或给学生以情感方面的关心和支持。

入学准备程度的诊断一般包括对下列因素的确定：家庭背景、前一阶段教育中知识的储备和质量、注意的稳定性和广度、语言发展水平、认知风格、对本学科的态度、对学校学习生活的态度以及身体状况等。教师可以通过研究学生履历，分析学业成绩表，以及实施各种诊断性测试，就上述各个方面或几个方面进行诊断。心理学家和教育研究机构已为这方面的测试编制了许多类型不一的标准化测验，教师可以根据需要选用。

诊断出学生在入学准备程度中的缺陷或特点后，教师应当做详细记录并加以分类，以便选择帮助学生顺利学习并考虑到个别差异的教学策略。入学准备程度的诊断结果不应用来推迟对某些学生的教学，更不应简单地用来预定某些学生的发展可能性。

（二）决定对学生的适当安置

同一年级的学生肯定在知识储备、能力和能力倾向、学习风格、志向抱负及性格等方面互有差别。学生的这种多样性必然也要求教学条件和环境具有多样性；因此，了解学生在上述方面的差别和差别程度，为学生提供适合其特点的学习环境，或者说，根据学生的个别差异对学生划分层次，是教师组织教学活动的前提，也是使每个学生获得充分发展的必要条件。

适应学生的多样性并为学生提供多样化学习条件的准备程序之一，就是运用各种诊断性评价结果对学生进行合理的安置。传统的安置方法以年龄为标准，结果是教学不能很好地适合每个学生在能力、兴趣等方面的差异；按成绩分组似乎考虑到了学生之间的差异，但实际上，单一的总结性考试成绩往往掩盖了学生在知识、技能、能力及兴趣等方面的差别。因此，有许多人提出，不论是按年龄和成绩分组，还是按能力和兴趣分组，一个重要的前提条件，就是对学生进行诊断性测试并参考学生的学籍档案。

需要指出的是，根据诊断结果对学生进行安置并不能完全解决个别差异和因材施教问题，它只是使教学适应个别差异的一个基本前提，它只能把学生安置在水平大致相当的学生群体中。解决个别差异问题，促使每个学生都取得最佳学习进步的进一步措施，将是组织形式多样的教学活动，提供使学生可以根据自身特点加以选择的多样化的学习方式。

（三）辨识造成学生学习困难的原因

有些学生虽然已被做了适当安排，但在学习过程中仍然效果很差，进步很慢，不能达到教师为其预定的学习目标。在这种情况下，教师必须借助各种手段（其中包括诊断性测验）设法查明学生不能从教学中获益的原因。如果教师估计学生的学习困难产生于教学，那就应通过各种考试（考查）予以确定，然后改进自己的教学。如果教师估计学生的学习困难不是产生于教学，那就应同其他教师一起，进行“教育会诊”，分析造成学生学习困难的原因。如果估计学生的学习困难是由非教育方面的原因造成，那就应由学校出面，请教有关教育方面的专家（如心理学家、医生等）进行进一步的诊治。

非教育方面的原因可能是学生的身体状况，也可能是学生的情绪状况，还有可能是学生所处的环境。身体方面的问题，如营养不良和疾病，可以造成学生学习能力的欠缺或低下；情绪方面的问题，如情绪不稳定、自信心降低、伴随青春期而来的紧张等，也可以使学生无法进行正常的学习活动；环境因素，如家庭经济条件差、父母婚姻关系不好、父母文化程度低、父母对子女的教育期望过高或过低，以及社区环境的消极影响等，都可直接或间接地影响学生的学习效率。

学校和教师如能通过诊断性评价辨识出造成学生学习困难的原因，就有可能设计出合适的“治疗”方案，采取有效措施，排除干扰学生学习的因素或尽可能降低其消极影响。

第四节　多元性评价的运用

一、多元化评价体系建立的意义

发展性教学评价思想是20世纪80年代以来发展起来的一种以促进学生全面发展为主要宗旨的教学评价，它针对以分等奖惩为目的的终结性评价的弊端而提出来，主张面向未来，面向评价对象的发展。近年来我国教育也越来越重视过程性评价，建立多元化的评价体系是素质教育的必然要求，是因材施教发展和学生个性的需要。多元化评价体系在高等数学课程中的运用对提高教学质量具有重要意义。

二、单一性评价体系的弊端

第一，传统评价体系经常是以考卷的形式，以终结性评价作为对学习效果的最后评价，从统计学的角度来说，一次考试的成绩作为最后的评价标准是不准确的，因为成绩会受到很多因素的影响，比如说题目的难度，题型分配，学生的心理和身体因素等。

第二，传统评价体系缺少形成性评价，而忽视了学生在数学学习过程中表现出的情感态度，和一些无法用成绩进行量化的改变。

第三，过程性评价重视学生在学习过程中的表现，但是片面侧重过程性评价又会受到很多主观因素的影响，特别是高等数学这样的理科课程，可能无法做到准确地评价学生的学习成果。

三、多元化评价体系的优势

第一，多元化评价关注学生学习的结果，更关注他们学习的过程；关注学生数学学习的水平更关注他们在数学活动中所表现出来的情感与态度，帮助学生认识自我，建立信心。

第二，课堂不但注重对学习结果的评价，还通过建立学生的学习档案，注重对学习过程的评价，真正做到定量评价和定性评价、形成性评价和总结性评价、对个人的评价和对小组的评价、自我评价和他人评价之间的良好结合。

第三，评价的内容涉及问题的选择、独立学习过程中的表现、在小组学习中的表现、学习计划安排、时间安排、结果表达和成果展示等方面。对结果的评价强调学生的知识和技能的掌握程度，对过程的评价强调学生在实验记录、各种原始数据、活动记录表、调表、访谈表、学习体会、反思日记等的内容中的表现。

第四，在过程性评价中，定期的正规评价如小测验、表现性评价和即时的评价如学生作业和课堂表现评价有机地结合起来，这两方面的评价对下阶段改进教学和学习是同样重要的。过程性评价不一定拘泥于形式，如硬性规定日常评价的时间间隔、字数、内容、形式等，只要教师对学生的观察和累积到一定程度，觉得“有感要发”，就可以对学生进行评价并记录下来。

四、多元化评价体系在高等数学中的探索实践

(一) 评价的标准多元化

在高等数学的课程评价中采用量化和泛化相结合，考试成绩和平时过程管理相结合的方式，可以客观准确地对学生的学习效果进行评价，也对那些学习态度认真但是效果可能差强人意的学生予以正面的激励。

(二) 评价的方式多元化

在平时成绩的评价上侧重于过程管理的方式，采用小测验、章节小结、作业、读书报告、提问，小组竞赛等方式来进行评价，不将一次考试作为学生的最终成绩，而是采用不同层次，不同种类的考核全方位的了解学生的学习习惯和学习程度以及学习方式，进而关注学生整个学习过程中状态的变化予以评估。

(三) 评价的内容多元化

在教学的过程中不再以单一的数学题目的解答作为唯一的考核评价的方式，要求学生在学习中完成课程导读，章节知识点的自我总结强化学生对于高等数学的框架式的知识，特别在小组学习中引入竞争机制，以小组为单位每位同学分配学习任务来进行小组之间的比较竞争。对于激发学生的学习兴趣和主动性有着明显的效果。

(四) 评价导向的学习激励方式多元化

注重评价体系的导向作用，在学习过程中引入小组成绩，利用学生的集体荣誉感对学生施加学习压力，加强学生之间的团队合作的精神，引导学生自主学习和团队学习相结合。在学习评价中引入成绩一致度的概念，对于在整个学习过程中都能保持优异的学生予以奖励，对于在学习过程中有明显进步的学生予以奖励，对于在学习过程中有明显退步的学生予以惩罚。

第六章　高等数学教学新思路

第一节　高等数学教学中融入建模思想

在高等数学教学过程中融入建模思想，可打破传统教学模式的限制，使学生在学习数学的过程中更能产生积极心理，提高综合素质。高等数学教师应运用合理的教学手段在解题过程中强化学生的建模思想，并不断引导学生对建模思想产生深度认知，从而伤进学生数学思维等能力的提高。

高等数学是较为重要的学科，很多专业都会涉及相关知识，但学习高等数学却有一定的难度。教育工作者们也在不断探寻与研究，想获得更为有效的教学手段以开展高等数学教学工作。基于此，数学建模思想近年来受到广泛关注，逐渐被应用到教学中。孝师运用数学建模思想可以更好地进行知识的传授，不仅能使学生学到相关理论知识，过可培养学生的数学思维，提高解决问题的能力。基于数学建模思想的高等数学教学模式呈现出的优越性使其成为教育界重要的研究课题。下面将论述在实际教学过程中如何更科学、有效地将数学建模思想融入高等数学教学。

一、数学建模思想融入高等数学教学的必要性

所谓的数学建模，实质上就是创建数学模型。数学模型通常指针对某一现象，为达成特定目标而基于其存在的客观规律进行相对简化的假设，并结合相应的数学符号等于得的数学结构。因此，数学建模的过程其实就是运用数学语言对一些现象进行阐述的过程。因此，在高等数学教学过程中运用数学建模思想，受到了教育工作者的广泛认可与喜爱。

将数学建模思想融入高等数学教学，在一定程度上优化了传统的教学模式。在过去的很长一段时间内，许多教师在教授高等数学时不太注重培养学生的高等数学应用箭力，他们基于常规的教学方法，固化地向学生灌输一些理论知识，遏制了学生的个性发展。随着社会的发展，国家不断进行教育改革，目的是加强对学生素质与能力的培养。

教师在高等数学教学过程中有效融入数学建模思想，可最大限度地调动学生的学习积极性。教师应引导学生在学习数学的过程中勇于提出自己的观点与问题，并帮助学生去寻找解决问题的办法。在这样的教学活动中，教师与学生间会产生良好的互动，教师也会逐渐重视学生数学思维和数学能力的培养。而将数学建模思想融入高等数学教学，可在很大程度上培养并强化学生的数学思维，使学生懂得运用数学思维去解决在学习数学的过程中遇到的问题。

授人以鱼，不如授人以渔。教师通过在高等数学教学中融入数学建模思想，可帮

助学生养成良好的学习习惯，这对学生终身的学习与发展都具有重要意义。

二、基于建模思想的高等数学教学策略

（一）在解题过程中强化建模思想

在高等数学教学过程中，教师应培养学生对各种数学题型形成多样的解题思路，运用不同的方式去解决高等数学中的问题，重视引导学生开动脑筋，运用不同的方式，从不同的角度去分析题型，从而找到最优的解题方式。教师也只有更注重培养学生的数学思维能力，才能从根本上提高学生对高等数学的学习兴趣。教师在课堂上对数学理论、概念等知识点进行讲授，并设计相关的练习题来帮助学生理解、吸收知识，是培养建模思想的基础环节，也是较为常用的形式。但学生在不断深入学习高等数学的过程中，终究会遇到更复杂的题型和无法解决的问题。通常部分学生遇到这样的困境时，会采用较为负面的方式去应对，如结合原有的知识结构，利用“蒙”的策略去解题，但这也在侧面折射出学生已初步形成建模思想。教师在教学过程中遇到这样的情形时，应巧妙利用学生的这种解题思路与心理特征，注意对建模思想的渗透，合理地传授给学生一些解题技巧，帮助学生更好地理解数学知识。

例如，运用画图可帮助学生建立清晰的解题思路，运用表格可帮助学生有效排列相关数学信息。教师通过对学生渗透建模思想，帮助学生掌握图形建模等建模方法，逐渐提高学习质量与学习效率。

（二）加强引导学生对建模思想产生深度认知

大学生处于思维较为活跃的时期，也是各种能力培养与提升的黄金时期。他们的记忆能力、理解能力等都较为突出，教师在教学过程中应采用科学的教学方法，去激发学生的学习兴趣与积极性，促进学生能力的提升。若教师不能合理引导，学生无法进入学习状态，那么即使拥有再活跃的大脑，也无法更好地吸收知识。教师若仅是灌输知识，就无法达成良好的教学效果。教师应根据学生的心理发展特征与学习需求等，去激发学生对高等数学的好奇心。在课堂教学过程中，教师应不断丰富教学手段，恰当地渗透数学建模的思想与方法，引导学生借助原有的知识结构对问题进行思考，再根据新学到的思想与方法探究问题，从而找到解决问题的办法。当然，教师在向学生提出问题时，要保证问题的有效性，这对培养学生的建模思想至关重要。

教师通过提出相关问题引导学生对数学建模思想产生进一步的认知，这对日后学生在学习高等数学的过程中运用数学建模思想解决问题具有重要的促进作用。同时，教师要注意在讲授相关知识点时科学地渗透数学建模思想，学生在课堂上学习高等数学知识，通过与教师讨论相关问题的解决过程，不断加深对数学建模思想的理解，从而更名松地学习高等数学。

总之，教师基于数学建模思想开展高等数学教学活动，对学生学习数学具有重要的促进作用。教师应重视激发学生的学习兴趣，在教学过程中渗透数学建模思想，并逐条加强引导，使学生对数学建模思想产生深度认知，从而提高学习能力。

第二节　高等数学教学中恰当运用现代教育技术

高等数学是高校基础课程中的必修课，而传统的“教师讲、学生听”的教学模式以及粉笔、黑板的传统介质，使得高等数学抽象、复杂的解题过程和思维方式的传输效率并不高，学生对高等数学知识的掌握也极为有限。而信息技术中图文、动画等表现方式就可以解决高等数学知识传输效率低下的问题。另外，信息技术中的资源共享功能更是为高等数学教学创建了一条捷径，为学生和教师、学生和学生之间的交流沟通提供了更为便捷的渠道。信息技术与高等数学的融合是未来高等数学教学发展的趋势和突破的方向。以下就信息技术与高等数学教学的融合进行意义及实践运用的相关阐述，为两者的融合提供一些建议和意见。

一、信息技术与高等数学教学融合的意义

信息技术与高等数学教学融合，可以把枯燥、难懂的数学知识转化成图文，甚至是动画，使数学变得有趣，帮助学生建立清晰的逻辑思维关系，高等数学也因此而变得“可爱”。学生自主学习的积极性得到了有效提升，教学效果自然也有所改善。信息技术中的互联网可以让交流沟通的范围扩大到全世界，对同一个问题的见解也可以分享给全世界，学生也可以听到来自全世界的声音。信息技术与高等数学教学的融合，为高等数学的学习和分享搭建了一个良好的平台。

二、信息技术与高等数学教学融合的实践运用

（一）营造教学氛围，提高学生学习积极性

学习数学本身就需要较强的思维能力，而学习高等数学则需要思维能力达到一定的水平。有的学生总是觉得数学太难、太复杂，这时教师便可以利用信息技术的图文、动画等进行数学知识的动态演示，帮助学生理解相应的问题。比如，教授高等数学中的二次曲面问题时，教师可以对二次曲面的定义与特点进行图文处理，把学生需要思考的过程利用动画演示出来。这样做有两个好处：第一，可以吸引学生的注意力；第二，动态的演示过程使数学问题形象化，自然有利于学生的理解。

（二）针对重难点设计微课

微课是教学领域中以信息技术为必要条件的创新教学成果，能够提高学生的学习兴趣，把教学问题进行“碎片式”处理，是一种有效的教学方式。学生可以根据自身实际情况进行针对性学习，降低对难点的恐惧。比如，在高等数学的学习中，一些难点总是会成为学生心里过不去的坎，学生花了很多时间和精力去研究，却依然没能获得相应的成果。教师可以让学生实时反馈难点，再根据反馈的情况制作微课，学生就可以利用课堂之外的时间去重点攻克自己学习上的难点。每个人面临的问题不一样，却可以同时对难点进行攻克，这是信息技术带来的极大便利。

（三）利用社交软件实现共同学习

信息技术让人与人之间的交流沟通不再受空间的限制，社交软件成了生活中重要

交流工具。将这些社交软件运用在高等数学教学中，能够加强学生与教师之间的沟通学生甚至可以接受其他学校教师的授课，同学之间的交流也变得更加便利。讨论对提学生的自主学习能力是非常有效的，高等数学教师可以利用信息技术对学生开展个性教学，知识的传授和讨论不再以教室这个固定的空间和有限的上课时间为主，而是以外学生与学生、学生与教师之间的交流讨论为主。比如，教师在教学中可以针对不同问题建立不同的交流群，学生根据自己的情况选择加入一个或者多个交流群，在群里可以向教师提出问题，也可以与同学进行讨论和研究，学生甚至可以利用互联网认识更校外的学生，让学习群里的氛围更好，讨论更加激烈，对问题的研究也就更透彻。

(四) 教师的教学能力与信息技术能力同步发展

通过上述分析可以看出，信息技术赋予高等数学教学的优势已经非常明显，而信技术能否在高等数学教学领域中发挥促进作用与教师能否掌握信息技术有着非常密的联系。教师只有具备相应的信息技术能力，才能在实践中将两者完美融合，达到提高数学教学效率的目标。因此，对于教师的信息技术培训需与信息技术的教学运用步进行，如此教师才能及时将信息技术准确运用在教学中。

作为必修课程，高等数学在高等教育中有着重要的地位，而教师利用信息技术进行相关的教学活动，可以显著提高学生的知识掌握程度和学习积极性。因此，高等数学工作者应重视二者的有效结合，创新教学方法，提高教学质量，综合提高学生的学能力，为以后培养逻辑思维奠定基础。

第七章　高等数学教学创新与实践应用

第一节　高等数学教学创新

高等数学是高等教育体系中最为重要的一门基础课程，高等数学的知识也几乎全部会应用到各专业基础课程与职业技能课程中。因此，将高等数学与学生专业融合有利于将高等数学打造成专业基础课程之一；在高等数学教学中开展专业教学，结合学生专业进行授课，可以提升高等数学课程的专业性。下面将针对我国高校的高等数学教学现状，从学生专业发展角度出发，探究如何基于学生专业特点有针对性地安排教学，以提升高等数学教学质量，并实现高等数学与专业的融合。

如今，高等数学在工学、理学以及经济学等领域皆具有重要作用，因此高校的高等数学教学应与专业课程紧密联系起来，促进学生对专业课程的学习。

一、高等数学教学与学生专业融合的价值

高等数学中的很多知识点对学生的专业学习都很重要，很多学生在学习专业课程时都要运用高等数学知识。实现高等数学教学与学生专业的融合，旨在根据各专业对高等数学知识的实际需求，改变常规的高等数学教学方式，突出学生的专业特点，选取合适的教材与教学资源，有针对性地展开高等数学教学，以奠定学生专业学习的基础。

对于经管类和理工类专业的学生而言，高等数学的知识点在其后续的专业课程中会反复出现，所以学生在学习高等数学时就应掌握好各种问题的处理技巧，了解数学思想以及逻辑推理方法，为后续专业课程的学习打好基础。

综上所述，高等数学教学应转变传统的知识传授型教学方式，结合学生专业的实际情况，将高等数学课程打造成专业基础课程，让学生学会应用高等数学知识，明白自己为什么要学习高等数学，了解高等数学在整个教学体系中的地位。

二、高等数学教学与学生专业融合的模式

想要达到社会对具有创新性思维以及创新能力的高素质人才的培养要求，高等数学应实现教学方法及教学手段的改革，基于学生专业对其高等数学水平的要求构建新的教学模式。

目前，高等数学教学主要有两种模式，一是分级分层的教学模式，二是与专业课程紧密结合的教学模式。前者的优势在于能兼顾学生的个性差异，有利于促进个体知识水平以及数学能力的提升。张涛等人在“高数分级”教学模式的论述中提到，分层教学的内容以及方法等都更加注重个体个性的张扬，以个体为教学主体，设计分层教

学目标以及实施策略。后者则是要实现基础课程与专业课程的融合，将高等数学课程与专业课程紧密相连，认为高等数学课程应为专业课程教学服务，应遵循以人为本的原则，引导学生应用数学知识解决专业实际问题。

这两种教学模式各有千秋，无论哪一种都离不开专业课程与高等数学课程的配合，这就意味着高等数学教学不能脱离专业发展，要在教育体系中找好自身的定位，从后续专业课程学习需求、学生现阶段学习水平等入手，将教学内容与相应的专业知识点结合起来，从而挖掘高等数学知识的应用价值，保证高等数学教学能满足学生专业学习与职业发展的需求。

三、高等数学教学与学生专业融合的有效措施

（一）改变学生学习方式，融合专业实际案例

高等数学教学面临的主要问题就是学生学习兴趣低下、缺乏科学的学习方法。多数学生缺乏自主性，没有形成良好的学习习惯，在课上难以理解课程知识。因此，教师在解释知识点时，可采用专业相关的实例。例如在教授导数概念时，针对物理相关专业的学生可用变速展现运动的瞬时速度举例，针对电子专业的学生可用电容元件的电压与电流关系模型举例，通过不同的实例引导学生通过专业知识理解导数，使高等数学教学内容更加贴近专业。

（二）树立专业服务理念，注重课程体系革新

高等数学教师应在融合教学中树立高等数学要为专业服务的教学理念，将高等数学课程的教学目标定在为专业服务上，将自身学科优势作为专业课程开展的切入点，以打破高等数学课程自成体系的现状，走出数学学科的局限。高等数学教学一定要走入专业课程体系，基于数学知识在相关专业问题中的应用，发挥高等数学在专业中的工具性价值，以专业作为课程教学的核心，在教学内容上有所取舍，明确各专业中高等数学课程的教学重点。例如，高等数学课程为电子专业课程服务时，就可以针对感应电动势模型等讲解导数在电子专业中的应用。

（三）结合专业制定教学大纲，实现课程连贯性教学

专业课程教学中的很多课程都是连贯展开的，例如物理专业中的原子物理以及固体物理，还有理论力学、量子力学、电动力学等。所以高等数学课程与学生专业的融合，也要从后续专业课程的安排入手，制定符合专业知识结构与基础知识的教学大纲，合理安排教学计划。高等数学教师应与专业教师深入沟通，并从学生工作处了解相关专业毕业学生的实际工作情况，根据学生专业发展的实际需求制定教学大纲，结合专业实际问题安排教学内容，以便学生从自身专业角度去学习与应用高等数学知识，切实将高等数学课程与专业课程联系起来，为今后的专业学习奠定良好基础。

综上所述，基于高等数学课程在专业课程体系中的价值，高等数学教学与学生专业的融合要引入专业实例，不能将数学知识与专业知识分开，教师在讲解高等数学知识的时候应结合相应的专业知识问题，打破课程之间的隔阂。

第二节　其他教学法在高等数学教学中的应用

一、混合式教学在高等数学教学中的应用

（一）混合式教学概述

混合式教学的理念和思想已经存在了很多年，但它并没有固定的模式，大家可以将混合教学理解为：混合式教学是通过对所有教学要素的组合和优化来完成教学目标，以达到最佳的教学效果和学习效率，从而提高学生的学习满意度，它包括教学内容、教学资源、教学模式和教学环境等要素的有效混合，是教育思想和教学理念的一种转变。

（二）高等数学教学改革的必要性

有人认为，高等数学课堂历来都是老师站在讲台上按部就班地讲，学生坐在教室聚精会神地听，不管老师讲的哪些内容，学生听不听懂都得听。所以，数学课堂教学自然就成了“满堂灌”，不论学生愿不愿意听，有没有疑问，只有被动的接受老师传授知识的义务，没有随便插话提出质疑的权利。由于这些原因，很容易出现台上老师认真讲课，而台下学生玩手机、打游戏、聊天、睡觉，更有甚者干脆找人代上课等高校违纪现象，这也是高数课堂上普遍存在的现象。高校学生都已经是成年人了，思想也非常活跃，老师们如果还停留在过去一成不变的老教学模式中，那么现在的大学生就不可能接受，甚至还会有抵触和对立情绪。

面对传统教学的弊端，教师该怎样教，学生怎样学，教师怎么样把课堂氛围调动起来，让学生都能发自内心地去学习，教师怎么样把课讲得风趣幽默，且学生又易懂和接受，这应该是高校教师积极探索教育教学创新模式的关键所在。考虑高等数学的学科特征、学生的学习现状和教学实际，教师认为有必要把混合式教学方式引入高等数学课堂教学，着力建构一种互联网、多种媒体支持的、师生互动的、便于学生自主探究学习的有效的教学模式。

（三）混合式学习在高等数学教学中运用

把单一的课堂学习与多种学习方式并行应用在高数课堂上，可以形成优势互补，这也是我们探索混合式学习的核心问题。大学数学的学习，主要形势仍然是面对面的课堂教学，而网络学习是对传统教学的有效补充。混合式教学作为一种新的教学方式或理念符合高等数学课改的要求，它将带给师生革命性的教与学的改变，我们对混合式学习在高等数学教学中进行探索。

1. 教学资源的混合

从早期的“黑板＋粉笔＋教案”的教学模式，后普及了“计算机＋投影仪＋ppt”教学模式，到现在“手机＋网络＋视频”为辅的教学模式。当前，教师把三者有机的结合起来，有了新朋友不忘老朋友，采用多媒体授课，同时也不忘记“黑板”“粉笔”，再增加一些音频视频，给本来“枯燥、乏味”的高数课堂增添了生机和色彩。系统的知识结构，教学重点教学难点做成 ppt，用投影仪来演示，对定理的推导过程和例题的解题过程使用粉笔在黑板上板书。对一些难于理解知识点录制成音频、视频资料发送到班级微信群、qq群里，同学可以反复的学习。教师不再是一味的板书搞满堂灌，也不再是一味的点击当电脑操作员，而是多种教学模式混合使用的引领者。例如，在讲解空间曲线、曲面及其方程时，随手画出来的图像就不够美观准确，立体感也不强。若借助数学软件画出图形，用动画的形式在多媒体上展现出来，不仅方便快捷而且形象生动，便于学生理解接受。在讲解例题的解答和定理的证明时，可以利用传统黑板板书，不仅使问题一目了然而且还能形成师生互动，加深记忆。这种混合式教学既发挥了传统教学的优势，又体现了数学学科注重逻辑性、推理性的特点。教学过程中，适当采用一些音频、视频资料，可以活跃课堂气氛，激发学生学习数学的兴趣，提高教学效果。

2. 学习方式的混合

学习方式的混合主要是课堂学习和网络在线学习的混合。高数课堂上尝试混合式教学，不同的教学内容有不同的教学特点，教师可以选取适当的教学组织形式。课堂教学注重传授系统的科学知识，投资成本低；教师能充分驾驭课堂，有助于学生思维的集中；也有利于学生语言表达、意志品质、情态目标的培养。而在线学习比较尊重个性化，时间上更加灵活，地点不受制约，随时随地能够学习，并且可以在线上和老师进行互动交流讨论问题。有些教学内容要在面对面的教学下才能获得满意的效果，而有些内容通过网络教学可以激发学习动机、提高学习效率。

譬如，以“微分中值定理”这一节课为例，首先，教师在上课以前设计好导学方案，包括教学目标、重点难点、教学过程、简单的练习题目、学生需要讨论的内容、学生自学后的收获和疑问。然后，教师自己制作简短的PPT或者录制微视频，发送到网络教学平台上面，要求学生在网络教学平台认真预习导学方案，再完成练习题目。同学们还可以在教学平台互动交流，把不懂的问题及时发到网上，教师可以准确地把握学生的问题所在，以便课堂上有针对性地讲解和答疑。对多数学生不理解的问题要专门拿出来在课堂上讨论，让学生自己去总结，这样学生的印象会非常深刻，学生的思维也得到了发散和提升，从而也培养了学生的综合能力。

3. 主导作用与主体地位的混合

教育发展研究过程中，主要有两种观点争议最多，分别是“教师中心论”和“学生中心论”。其中前者，过分强调教师在教学过程中的核心地位，压制了学生接受新知识的积极性和主动性。后者为“学生中心论”，其片面主张教育活动要以学生为中心，忽略教师在教育过程中的引导和激发的作用，一味地放手让学生自己体验自行操作。这两者的观点都是片面甚至说是错误的、不科学的。教学即教与学统一，这两种“中心论”让教与学不能和谐统一。而混合式教学既能发挥教师在新知识教授过程中的启发、引导、规范的主导作用，又能充分体现学生作为学习过程主体的积极性、主动性和创造性，教学相融，获得最佳的学习效果。在这种教学方式中，教师的主要角色不再是课程内容的灌输者，而是课程内容的设计者，是课程新知识和学生之间的桥梁，是带领学生深入了解课程知识的的引导者。信息时代，老师要传递给学生的不仅仅是知识，更重要的还有学生思考能力的培养和兴趣爱好的激发，即从“鱼到渔”的传递。但是，“鱼”是“渔”的前提和基础。因此，课堂上教师的点拨或是现代工具让学生完成初步的知识积累是非常的必要的，只有打好基础拥有些“鱼”然后才有可能尽量深入，发展学生的高阶思维，达到传授“渔”的目的。

4.“微课”与“宏课”的混合

随着数字化时代的深入发展，教育界也掀起了一场技术与理念相结合的变革。近几年，微课的教学模式在各个高校兴起。微课是由美国新墨西哥州圣胡安学院的DavidPenrose教授在2008年提出来的，微课有“少而精”“环节紧凑”的特点，要求教师在较短时间内要把一个主题讲清楚、讲透彻，这对教师提出了更高的要求。他“以小见大，小课堂大教学”的优势在高等教育领域快速升温。微课短小精悍，费时不多就可以学习一个知识点，而且能够随时、随地学习、反复学习。既可以满足学生的个体化需求又可以缓解课时不足的压力。高校师资力量相对比较缺乏。在有限的师资资源的条件下，只能大班面对面授课，这就是所谓的“宏课”。“宏课”是在封闭的空间中，教师和学生容易排除外界干扰，围绕教学目标进行教与学。但由于班级学生太多，甚至超过200人，这势必影响到学生的学习效果。而“微课”可以作为有益的补充，将它运用到大学数学的教学中来，可以避免重复讲课，提高教师的教学效率。教师要认识到微课的优势以及其局限性，将微课融入传统教学中去，使之成为传统教学的有益补充，这种混合式的教学更适合高校学生的学习特点，也更有利于提高教学质量。

混合式教学引入了优质师资资源，能够汲取网络学习的优点和传统教学的精髓，弥补了两者的缺陷，满足学生学习灵活性的要求，促进学生积极主动学习，增加不同群体学生协作学习的体验，建构一个较为理想的学习平台。也有利于学生创新能力和价值观的提升，符合学生终身学习需要。

二、研究性教学在高等数学教学中的应用

（一）研究性教学的内涵

研究性教学主要是在基础教育改革中提出并得到大力倡导的一种教学方式。近些年来，研究性学习、研究性学习课程以及基于研究性学习的研究性教学成为热门话题。随着教学改革的深入发展，开展研究性教学是解决目前学生学习困境的一种很好的尝试。研究性教学就是在教学过程中，创设一种类似科学研究的情景和途径，让学生在独立的主动探索、主动思考、主动实践的研究过程中，吸收知识，应用知识，分析问题，解决问题，从而提高各方面素质，培养创造能力和创新精神的一种教学方式，其教学过程大体上可分为提出问题、分析问题、研究问题、解决问题四个环节。

（二）高等数学课程实施研究性教学的必要性

学科知识从过程与结果的维度看，可以分为两类：第一类为“过程方法的知识”，即关于一门学科的探究过程与探究方法的知识；第二类为“概念原理的知识”即一门学科经由探究过程而获致的基本结论即概念原理的体系。两类知识间具有内在的统一性，二者相互作用，相互依存，相互转化，教师在教学中不能人为地把二者割裂开来。但是，在现实教学中，尤其是高等数学的教学中，学生很少有机会真正地参与概念形成过程的教学。确认概念、解释概念的定义并举例说明，都由教师完成，知识的内在关联被遮蔽了；然后给学生布置一些作业，视其完成情况，对学生掌握知识的程度做出评判。至于为什么从事这些理论的研究，这些研究的结论的获得过程，在获得这些结论的过程中所经历的种种曲折，不同科学工作者、不同科学团体对某一结论所进行

的种种针锋相对的争论、冲突和斗争等等，都被排除在教学内容之外。学生所接触到的是一些看似确定无疑的、风平浪静的、一帆风顺的、不存在任何对立与冲突的“客观真理”。这种教学排除了过程、事件和冲突。

实际上，学科的概念原理体系只有和相应的探究过程及方法结论结合起来，才能使学生的智力和整个精神世界获得实质性的发展与提升。在现行教学中，学生经历了终结性教学而非生成性教学过程后，更多地只是熟悉了一些现成结论并形成对这些结论确信无疑的心向。这种教学方式把知识与知识产生的过程割裂开来，无益于学生思维的发展，不能帮助学生形成自己的概念并在这一过程中“发现”自己的思维过程和概念图式。最终，学生难以由被动学习转变为主动学习，并真正成为知识意义的建构者、一名真正意义上的学习者。

长久以来，我们高校课堂执行着“教师讲，学生记”的教学模式，教师将书本上知识原原本本地复制到黑板上，就算完成了教学任务，而学生的职责就是将老师所讲的全部记下来，也就算大功告成。这样教师就成了知识的传播器，而学生则成了储存器。有学者指出，“培养人的创造能力和创新意识是信息时代学校教育的核心”。教学是高等教育育人活动中最核心的部分，要实现知识经济时代要求的有创新意识和创新能力的人才培养目标，责任最终要落实到教材和教法改革上。改革教学方式，实施研究性教学，正是实现高等学校培养适应知识经济时代要求的、具有创新意识和创新能力的人才目标的有效举措。

（三）研究性教学法在高等数学课教学中的实施

高校课堂教学是实现高等教育目的、完成教学任务、提高教学质量的最主要最具体的手段与途径，课堂教学是高校教学的关键环节。由于数学这门课程的实践性较差，为了提高研究性学习的实效性，就必须从教师“教”的角度去实施研究性教学。在教学实践过程中，笔者借鉴了陈鼎兴老师的研究式教学法，即以国家或地方指定的教材为依托，以课程内容和学生的学识、经验为基础，以教师讲授为主，以古今中外的千百位科学大师创造和发现知识的过程为足迹，引领学生发现该知识的原始过程和发现该知识时所用的科学思想方法，比照实际生活事例，理论联系实际，培养和训练学生的思维能力，激发学生的创新热情和提高学生的创新能力。

研究性教学的实施环节如下。

1. 课前准备工作

（1）充分的知识准备。课堂的教学过程不是由教师一个人讲解完成的，它离不开学生的积极参与。这就要求教师对学生可能提出的问题、课堂上可能出现的状况有充分的准备。教师不仅要熟练掌握教材上的内容，还要对和所研究的课题有关的知识有较全面的掌握。特别最近几年，由于网络的普及，学生在网络上获得了大量的各种各样的知识，在学生参与课堂教学研究的过程中就会涉及一些教材之外的内容。对此教师要有充分的准备。

（2）合理设计教学过程。研究性教学的教学过程设计是吸引学生的关键。一堂研究性的数学课应包括以下几个主要环节。

①复习本节课需要的旧知识。这些内容是该节课所学知识的理论依据或前提条件，需要让绝大多数学生都掌握。这部分内容掌握程度如何直接关系到学生在参与研究中

对它的应用和研究性课堂教学是否成功。

②引出需要解决的实际问题。实际问题要能够引起学生的兴趣，并在学生能力范围之内。提出的问题要恰当，不要过难、过多。

③组织好学生的讨论和自学。在学生准备的过程中教师要及时发现存在的主要问题以便于后面的讲解和总结。

④控制好学生参与研究的过程。在这个过程中，既要强调学生的参与，让学生带着自己的认识和看法，与同学共同研讨，活跃思维，又要对参与的过程有所控制，问题展开面不应太广，主要还是针对本节课所提出的问题。

⑤针对整堂课作出全面的总结。包括学生自我总结和教师对教学内容和学生参与情况的总结，特别强调在学生自学及讨论中存在的突出问题，并提出有针对性的、可以操作的意见和建议。要对学生积极参与给予充分的肯定，这样可以调动学生参与的积极性和主动性。

(3) 教师课后的自我总结。主要总结教学环节的设计是否激发了学生参与学习的兴趣，教学过程是否符合学习的规律，在课堂教学中是否实现了预先设定的教学目标(认知目标、能力目标和情感目标)。

2. 学生参与研究备课

(1) 对一些教学内容，可以布置学生提前进行预习。对学生进行分组，每一组侧重解决不同的问题，完成不同的任务。每组有组长一人，主要负责组织学生进行自学和小组讨论，向教师反馈自学研讨的情况和遇到的问题。

(2) 学懂和没学懂的内容要都与教师沟通。在课堂，学生要向教师反馈自学研讨的情况，提出学习、研讨中遇到的难点，以便于教师在组织课堂教学时更有针对性，突出重点和难点。

(3) 让学生提出教学建议，积极动脑寻找办法。学生参与课堂讨论不同于学生单纯的自学研究，它还要求学生能把解决问题的依据、方法、过程很好地叙述出来，让其他人能够听懂、理解。在这个过程中，可以很好地锻炼学生的思维，促使他们合理地运用数学的语言，更全面地提高他们的数学素质。

3. 课堂教学中的实施

高等数学知识多是抽象的理论，学习起来确实有一定的难度。但是数学知识也是遵循着“来源于实践—形成理论—指导实践”的这一范式的，所以，教师要给学生创设一个研究的氛围，即围绕一个知识点（原理、概念）的展开，对于知识的学习追本溯源，开展研究。

(1) 提出问题。提出研究这一知识点的原因，引起学生对这一问题的兴趣和思考。

(2) 分析问题。就提出的问题看一看历史上围绕这一问题出现那些争论和观点，人们是如何思考和解决这一问题的。

(3) 研究问题。就这类的问题，科学家是如何抽象、概括而形成了这一知识点(原理、概念) 并在今后的发展过程中人们又是如何发展、拓展这一知识的。在以上的教学的基础上，提出我们要掌握的主要的知识和学习这一知识所用的方法。

(4) 解决问题。根据不同的专业，就所研究的知识点（概念、原理）举一些具体的实例进行研究，解决数学学习和实际应用之间的脱节问题，做到学以致用。

在整个教学过程中，按照如何发现问题、如何解决问题，及最终抽象归纳整理的顺序，让学生和教师共同研究问题，解决问题，共同提升，然后再通过对知识点不同类型的问题的解答和演练，既提高学生学习数学的兴趣，同时也锻炼了学生的逻辑思维能力和发现、创新的能力，使经济数学的教学改变了过去那种只注重“工具性”作用的偏向，具有了趣味性、探索性和研究性，提高了教学的效果。

（四）实施研究性教学的几点思考

开设研究性学习课程的目的是让学生学会求知、学会做事、学会共处、学会做人。我们在高等数学课程实施研究性教学的过程中，既取得了一定的成果，也发现了一些问题。

第一，开展研究性教学，改变了过去那种枯燥无味的授课方式，提高了学生对数学知识的兴趣，课堂教学效果好，也使同学们认识到数学其实离自已并不遥远，学好数学也并不那么难。经过两年的教学实践，实施研究性教学的班级学习数学的热情总体较高，数学平均成绩高于全校平均成绩，学生反映，提高了发现问题和解决问题的意识和能力，逻辑思维能力增强了，研究性教学取得了很好的教学效果。

第二，研究性教学法在高职高专实施的效果与学生的学习素质有很大的关系。在人学数学成绩较好、学习氛围较浓的班级教学效果很好，比如电子商务专业、会计专业；而人学成绩较差、文科生多的专业实施效果就差，如营销专业、文秘专业。实施效果差的班级对教师的要求很高，不仅要能激发学生的学习兴趣，还要有丰富的学识才能搞好这样的班级的研究性教学。

第三，研究性教学法的实施对教师的知识从量上和质上都提出了更高的要求。教师的素质直接决定着研究性教学的实施效果。这就要求每一个教师都要做到坚持终身学习，改善知识结构，提高科研能力，培养创新能力，为更好地开展研究性教学奠定基础。

第四，高等数学是基础课，除了为其他专业奠定知识的基础外，更重要的是起着培养学生思维品质、提高学生自身素质的作用。学生学习成绩的提高和自身素质的提高不一定成正比，因此，对研究性教学的效果很难建立一个系统的评价指标。如何评价数学课的研究性教学的效果有待于进一步的研究。

三、启发式教学在高等数学教学中的应用

启发式学习是一种积极的学习过程，主要指的是教师在学习过程中围绕一定的主题，寻找相应的资料，给予学生一定的场景，启发学生主动进行联想、自主构建解决问题的方法，自己探索答案、并提出新的问题的学习方式。古希腊哲学家苏格拉底曾经说过：问题是接生婆，它帮助新思想的诞生。因此，教师的任务不仅仅是传播真理，更重要的是要做一个新思想的“产婆”，让学生带着一些问题去寻找学习新知识的方法，通过教师引导、团队合作，让学生成为学习新知识的主体，启发式教学要在学生有一定的知识铺垫并且愿意学习的情况下，充分发挥主观能动性，才能取得较好的教学效果。

（一）启发式教学的特点

1. 启发式教学适用于课堂教学的始终

现在的高职学生，在学习数学课上，往往注意力难以集中很长时间，所以在一节

数学课上，从开始新课的导入，到课堂中的提问，课堂中内容的讲解，课堂内容的板书设计，整个课堂内容都可以使用启发式教学方法。

2. 激发学生的学习兴趣和学习“潜能”

兴趣是最好的老师，是学生求知欲的外在表现，是促进学生思考、探索、创新，激发主动学习的原动力。因而在教学过程中，教师要努力挖掘教材，力求通过趣味性强或是易于引起兴趣的手段或方法带出要学习的新任务，通过知识点的前后联系或者知识点在生活中的应用场景来引出学习的新任务，在教学过程中，可以设置多次启发，把整个知识点串联起来，把学生的学习兴趣和学习潜能充分地调动和挖掘出来。

萧红作品的乡土情怀不仅仅表现在自然景物、地域环境的描写上，而且表现在题材选取、艺术形式、表现手法、人物性格、风土习俗、人文景观等多方面。

3. 体现以学生为主体进行教学

在教学过程中能够落实学生的主体地位，而不要去包办学生的学习，能够让学生知道自己是学习的主体，教师仅仅是帮助他们学习，在关键节点上指导他们，教学的目的是要达到“授之以渔”的学习效果，为他们今后的可持续发展打下坚实的基础。

（二）启发式教学总结

1. 应注重“启发”和“尝试”相结合

一切教学活动都必须以调动学生的积极性、主动性、创造性为出发点，引导学生主动探索，积极思维。学生的发展归根结底必须依赖其自身的主观努力。一切外在影响因素只有转化为学生的内在需要，引起学生强烈追求和主动进取时，才能发挥其对学生身心素质的巨大塑造力。因此，素质教育对启发式教学赋予了更新的内涵：坚持教师的主导和学生的主体相结合，注重教师的“启发”与学生的“尝试”相结合。首先，尝试可以使学生获得成功的喜悦，对全体学生而言，“不求个个升学，但愿人人成功”是符合求学者的意愿和现实的。不论是学优生还是学困生，都可以从尝试中获得成功，极大增强学习信心，为获取新的成功准备良好的心理条件。其次，通过启发、引导学生动眼、动脑、动口、动手的尝试，既培养了学生的智力和能力，又能使学生在亲自尝试中感受到学习的乐趣，把枯燥乏味的“苦学”变为生动有趣的“乐学”。这就要求教师要尽可能提高学生学习的自由度，尽量启发、引导学生自己尝试应用新知识，发现新问题。

2. 教师要精心备课

启发式教学要发挥好的效果，教师要做好充足准备，预先设计好启发的方式和内容，以及启发的时机，还要创设出一定的场景，营造出一个疑难情境，让学生感觉到有一定的驱动力，会激发他们学习的积极性。教师在备课时还要注意启发式和其他教学模式相结合，不能一味地使用启发式。

3. 创设良好的教学氛围

在启发式教学中，教师应给予学生自由民主的空间和氛围，教师要对学生的好奇心和探索性行为以及任何探索迹象给予鼓励，让学生感觉到自由，没有压力，这样有助于学生创造性的发挥，学生要能够敢于发表自己的意见，能够积极发言，善于和同班学生探讨问题，共同解决问题，营造出师生共同参与学习的民主、宽松与和谐的教学氛围。

4. 营造师生互动的气氛

在启发式教学过程中，师生互动就显得尤为重要了。在互动过程中学生会一直跟着教师的思路走，也会参与到教师提出的问题和教师的各种教学环节中来，师生之间可以进行充分互动，营造出良好的学习气氛，使学生的思维发生碰撞，由此迸发出创造性的思维火花。通过互动，教师可以及时调整自己的授课思路和启发方式，使得教学效果更加明显，学习效果更好。

通过启发式教学，教师可以充分调动学生学习的积极性，学生能够主动学习，对知识点的掌握也会更加牢固，学生会一直跟着教师的授课思路进行思考，培养学生注意力集中、主动分析问题、团队协作的能力。启发式教学是我国传统教育思想的精髓，要不断进行总结提高，在学情发生变化的情况下进行改进。在启发式教学主体过程中，学生成为教学的主体之一，能够充分发挥学生的主体能动性，调动学习的积极性，从而使得教学质量得到保证，这种教学方式也值得进一步研究。

四、数形结合在高等数学教学中的应用

(一) 数形结合在高等数学中的应用价值

1. 深化理解数学概念

在学生们学习高等数学过程中不难发现，不少数学概念都是通过抽象的数学语言来表达的，此时，在理解数学概念的时候不少学生都较为吃力。但借助数形结合思想进行概念理解的话，则可以很好的帮助学生加深对于数学知识的理解及记忆。例如，教师在为学生讲解“导数”的相关概念时，教师可以先从变速直线运动的瞬时速度、平面曲线的切线斜率等实际问题着手，从变化的曲线、直线运动中概括出相应的数量关系，使得学生可以初步形成“导数的概念为变化率的极限”这一基本认识。又或者是教师在为学生们讲解双曲抛物面的相关内容时，由于学生们刚刚接触这部分内容，他们比较难以去理解双曲抛物面在笛卡儿坐标系中的方程及其构成图形。此时，教师则可以运用平行切割法将双曲抛物面形成的动态过程为学生们进行展现分析。高等数学知识概念相对抽象，且具有一定的逻辑性、层次性，因此教师在教学时，可以积极地借助几何图形来引导学生逐步观察、分析，最终以形助数，使其完全掌握所学的数学概念与知识。

2. 直观解释数学定理

大多数学生们认为高等数学知识学习难度较大通常是因为这门课程的相关内容与知识点相对繁琐，所要求积极、理解的定理、公式更是数不胜数。但在数形结合教学模式时，教师则可以将抽象性的内容以具象化的情境或过程呈现在学生眼前，达到辅助学生学习的目的。例如，罗尔定理、拉格朗日中值定理与柯西中值定理的结论都是切线平行于弦，教师在为学生们讲解“罗尔定理”的相关内容时，则可以运用微课教学形式将相应的定理文字以直观形象的图例进行展示说明，以此有效激发学生们的探究兴趣，活跃其思维。接着，为顺利地引出“拉格朗日中值定理”，教师还可以运用 flash 动画演示软件倾斜图形，此时，学生们则能够更加积极地认识到“拉格朗日中值定理的一般情形是罗尔定理”“拉格朗日中值定理更一般的情形是柯西中值定理”等数学根本。由此可见，借助数形结合数学思想，可以有效地反映出图形与数量之间的关系，而通过这样的教学形式，学生们对于各定理之间的联系也或更加了然于心，这对于提升其数学知识学习效率、质量均具有重要推动作用。

3. 增强学生求简意识

运用数形结合思想进行数学问题分析与解答，更有利于指导学生抓住数学本质，

将复杂的数学问题简单化，从而提升解题效率，强化学生自身数学问题解题思路的形成。例如，“已知函数 $f(x)=(x+a)^2+|x+a|$ 在区间 $(3,+\infty)$ 上单调递增，求 a 的取值范围?”在解答这一函数问题时，$f(x)=(x+a)^2+|x+a|$ 可改写为 $f(x)=|x+a|^2+|x+a|$，改写后的函数又可以看成由函数 $y=|x|^2+|x|$ 经过坐标平移得来的。此后，学生们则可以在不同的取值条件下，如当 $x\geqslant 0$ 时、$x<0$ 时分别画出该函数的图像，将两个函数合并在一起后，我们则可以发现，图像的最低点为 $x=-a$，在 $x<-a$ 时，函数单调递减，在 $x>-a$ 时，函数单调递增。结合已知条件给出的区间范围，则可以得出 a 的取值范围为 $a\geqslant -3$。又或者是“求解函数 $z=x+y$ 在约束条件下 $x^2+2y^2=4$ 时的最值”，通过题干可知，解答这一问题时可以采用拉格朗日乘数法，但运用代数关系进行最值求解，这一过程无疑较为繁琐。此时，为了有效地简化解题过程，教师则可以引导学生运用数形结合思想发掘题目中所蕴含的几何规律。$x^2+2y^2=4$ 可以转化为椭圆轨迹理解，那么这一题目中函数 $z=x+y$ 则可以理解为一条斜率为 -1 的直线，即整个题目可以视为“椭圆上的任意 P 点沿椭圆运动时，在 x 轴与 y 轴的截距最值问题”。当题目被简化之后，学生只需求解直线 $x+y=z$ 与椭圆 $x^2+2y^2=4$ 相切的值即可。由此可见，在高等数学教学中教师引导学生运用数形结合思想，借助图形直观或几何理念可使数量关系形象化，此时，数学问题的解答也会变得更加简便。

（二）数形结合在高等数学教学中的应用策略

1. 强化数形结合引导

在进行具体的高等数学知识教学时，教师自身应当有意识地引导学生利用数形结合思想分析、解决数学问题，无论是在讲解数学概念、解释数学定义、推导定理还是在解题计算时，教师都可以强调数形结合可有效降低学习难度、强化知识点记忆理解的应用优势。同时，在布置相应的数学习题时，教师也可以强调学生多运用数形结合来思考问题，以此加强教学引导来培养学生们主动使用数形结合思想的习惯。

2. 利用信息化技术

信息化教学手段深受广大教师的喜爱，在高等数学教学工作中，教师也应当善于借助微课、云课堂等教学工具，以图像、视频、动态图等多样化的信息手段来培养运用数形结合展开教学。在信息化学习模式中，原本抽象的内容变得具象，而数量关系与数学图形的结合、动态与静态的结合都使得所学的高等数学内容生动起来，有效降低了相关知识点的学习难度，学生们在理解与接受后续的数学应用中也会更加得心应手。从另一角度上说，学生也可以根据自身的实际学习需求来调整学习速度、演示进度等，此时，图形的动或静、数和形的潜在变化都可以清晰、直观地呈现在学生眼前。

3. 形成常态化教学

数形结合思想的培养不应当是局限于某一知识点或者是某一教学单元中，而是应当涵盖学生整体的高等数学学习过程，将数形结合教学形成常态化，此时则更有助于促使学生形成科学的数学思维习惯。而在教师的教学过程中，则应当善于挖掘出教材中所蕴含的数形结合思想，并切实地从教学目标、教学内容、教学经过、课后练习等诸多缓解有层次地、分阶段地渗透数形结合思想。

综上所述，作为数学思想的重要组成部分，在高等数学教学工作中有机融合、渗透数形结合思想是每位教师都值得深切思考的重点课题，而利用数形结合开展高等数学教学工作，无疑也是极大地优化了学生们的学习过程，帮助其充分提升了学习效率及质量，对于培养其数学学科素质具有重要的意义与价值。

第八章　在高等数学中培养创造性能力

第一节　创造性思维的形式

一、直觉思维

著名的物理学家爱因斯坦曾说过："我相信直觉和灵感。"人们在思维过程中，有时会在脑海中突然闪现出某些新思想、新观念和新办法。比如，突然在思想上产生出经过长期思考而没有得到解决的问题的办法，发现了一直没有发现的答案，突然从纷繁复杂的现象中顿悟了事情的实质。

这种突然"闪现""突然产生""突然顿悟"就是直觉。人们认识过程中的这种特殊的认识方式就叫做直觉思维。直觉思维的形式不是以一次前进一步为特征的，而是突然认知的，是顿悟的形式，是飞跃的认识过程。例如，数学家高斯在谈到一个证明了数年而未能解决的问题时说："终于在两天以前我成功了……像闪电一样，谜一下子解开了。我自己也说不清楚是什么导线把我原先的知识和使我成功的连接起来尽管直觉思维常常表现为'突然''顿悟'的形式，但是，直觉思维也是基于过去的经验和教育的结果。"直觉是某种外部刺激所带来的联想，是神经联系的重新组合和认识思维结构上的突破与更新。正是这个原因才使得一个人能以飞跃、迅速、越级和放过个别细节的方式进行思维，从而使他在思想中激起和释放出某些新思想、新观念和新办法。直觉在教学过程中也是客观存在的，并且有其特点，研究这些特点，对发展学生的直觉思维，促进其创造性思维能力的发展是有重要意义的。受到其他事物的启发是捕捉直觉的一条重要途径。利用具有启发作用的事物和所要思考的对象的某些相似之处，进行"类比""联想"和"迁移"有助于触发学生的直觉思维。

随着科学由经验时期发展到理性时期，直觉在科学认识活动中的作用越来越引起人们的关注。庞加莱曾经指出："逻辑是证明的工具，直觉是发明的工具。""逻辑可以告诉我们走这条路或那条路保证不遇见任何障碍，但是它不能告诉我们哪一条道路能引导我们到达目的地。为此，必须从远处瞭望目标，引导我们瞭望的本领是直觉。没有直觉，数学家便会像这样一个作家：他只是按语法写诗，但是却毫无思想。"爱因斯坦认为直觉是科学家真正可贵的因素，他写道："物理学家的最高使命是要得到那些普遍的基本定律，由此世界体系就能用单纯的演绎法建立起来。"要通向这些定律，并没有逻辑的道路；只有通过那种以对经验的共鸣的理解为依据的直觉，才能得到这些定律。

大量科学史实证明，庞加莱和爱因斯坦的论断是正确的，直觉有着逻辑思维所不能替代的特殊作用。概括地说，这种特殊作用主要表现在以下各个方面：

首先，在科学认识活动中，科学家常常依靠直觉进行辨别、选择，找到解决问题的正确道路或最佳方案。阿达玛指出："构造各种各样的思想的组合仅仅是发明创造的初步。正如我们所注意到的，也正如庞加莱所说的，发明创造就是排除那些无用的组合，保留那些有用的组合，而有用的组合仅仅是极少数。因此我们可以说，发明就是辨别，就是选择。"人们在尝试解决复杂的科学问题时，大都预先要遇到多种可能的思路，究竟先选择哪条思路？暂时搁置或放弃哪条思路？单凭逻辑思维或形象思维往往难以解决，在不少情况下需要借助直觉的力量，凭借直觉去辨别、去选择。

其次，在科学认识活动中，科学家常常凭借直觉启迪思路，发现新的概念、新的方法和新的思想。科学发展的历史表明，许多重大的科学发现，既不是从以前的知识中按严格的逻辑推理得到的，也不是作为经验材料的简单总结、归纳而形成的。科学家当解决问题的逻辑通道受到阻塞时，常常凭借直觉从大量复杂的经验材料中，直接得出结论，作出新的发现。

直觉的这种启迪思路，寓于创造的作用，还表现在数学计算上。费洛尔在给梅比乌斯的信中写道："当有人给我出一道题目时，即使是很困难的题目，答案也会立即出现在我的直觉中。我当时根本不知道自己是怎么得到这一答案的，只有在事后，我才去回想我是如何得到这个答案的，而且这种直觉从来没有发生过错误"，甚至还会随着需要而越来越丰富，所以只凭直觉足以对付这些计算。甚至我还有这样一种感觉，似乎有一个人站在我身旁，悄悄地告诉我求得这些结果的正确方法。但这些人是如何来到我身边的，我却一无所知，又若让我自己去找他们的话，那肯定是找不到的。我经常感到，特别是当我单独一个人时，我自己好像是在另一个世界上，有关数学的思想几乎是活的，那些算题的答案也是突然之间跳到我眼前来的。这就表明，直觉对于计算也有不可忽视的创造性功能。"

第三，在科学认识活动中，科学家常常利用直觉获得猜想（公理或假说）。然后演绎地推出若干，建立科学理论体系。

众所周知，形成科学理论有两条基本途径：一是以逻辑方法为主的逻辑通道；二是以直觉为主的非逻辑通道，在现代科学发展中，科学家常常采用非逻辑的通道。对此，爱因斯坦认为，由经验事实上升到理论体系的公理，没有逻辑通道可言，主要依靠思维的自由创造。

二、猜想思维

猜想是对研究的对象或问题进行观察、实验、分析、比较、联想、类比、归纳等。依据已有的材料和知识作出符合一定经验与事实的推测性想象的思维形式。猜想是一种合情推理，属于综合程度较高的带有一定直觉性的高级认识过程。对于数学研究或者发现学习来说，猜想方法是一种重要的基本思维方法。正如波利亚所说："在你证明一个数学之前，你必须猜想到这个，在你弄清楚证明细节之前，你必须猜想出证明的主导思想。"因此，研究猜想的规律和方法，对于培养能力、开发智力、发展思维有着重要的意义。

数学猜想是在数学证明之前构想数学命题的思维过程。数学事实首先是被猜想，然后是被证实。那么构想或推测的思维活动的本质是什么呢？从其主要倾向来说，它是一种创造性的形象特征推理。就是说，猜想的形成是对研究的对象或问题，联系已有知识与经验进行形象地分解、选择、加工、改造的整合过程。黎曼关于黎曼 ζ 函数 ζ（s）的零点分布的猜想；希尔伯特 23 个问题中提出的假设或猜想等都是数学猜想的著名例子。这些猜想有些是正确的，有些是不正确的或不可能的问题，它们已被数学家所证明或否定或加以改进；有些则至今仍未得到解决。但是所有这些猜想或问题吸引了无数优秀的数学家去研究，成为推动数学发展的强大动力。

数学猜想和数学证明是数学学习和研究中的两个相辅相成、互相联系的方面。波利亚提出，在数学教学中“必须两样都教”。既要使学生掌握论证推理，也要使他们懂得合情推理。“会区别有效的论证与无效的尝试，会区别证明与猜想”“区别更合理的猜想与较不合理的猜想。”因此，掌握数学猜想的一些基本方法是数学教学中应予以加强的两项重要工作。

严格意义上的数学猜想是指数学新知识发现过程中形成的猜想。例如非欧几何产生过程中的有关猜想以及上面谈到的一些猜想例子都属于这一类。但是这些猜想并不能在短时间内形成。它们实际上来源于广义的数学猜想，即在数学学习或解决问题时展开的尝试和探索，是关于解题的主导思想、方法以及答案的形式、范围、数值等的猜测。不仅包括对问题结论整体的猜想，也包括对某一局部情形或环节的猜想。在这种意义上，数学猜想的一些基本形式是：类比性猜想、归纳性猜想、探索性猜想、仿造性猜想及审美性猜想等。它们同时反映了数学猜想的一些基本方法。

类比性猜想是指运用类比方法，通过比较两个对象或问题的相似性，得出数学新命题或新方法的猜想。常见的类比猜想方法有形象类比、形式类比、实质类比、特性类比、相似类比、关系类比、方法类比、有限与无限的类比、个别到一般的类比、低维到高维的类比等。

归纳性猜想是指运用不完全归纳法，对研究对象或问题以一定数量的个例、特例进行观察、分析，从而得出有关命题的形式、结论或方法的猜想。

探索性猜想是指运用尝试探索法，依据已有知识和经验，对研究的对象或问题做出的逼近结论的方向性或局部性的猜想。也可对数学问题变换条件，或者做出分解，进行逐级猜想。探索性猜想是一种需要按照探索分析的深入程度加以修改而逐步增强其可靠性或合理性的猜测。探索性猜想与探索性演绎是相互交叉前进的。在对一个问题的结论或证明方法没有明确表达的猜想时，我们可以先给出探索性猜想，再用探索性演绎来验证或改进这个猜想在已有明确表达的猜想时，则可用探索性演绎来确定它们的真或假。

仿造性猜想是指由于受到物理学、生物学或其他科学中有关的客观事物、模型或方法的启示，依据它们与数学对象或问题之间的相似性作出的有关数学规律或方法的猜想。因此，模拟方法是形成仿造性猜想的主要方法。从光的反射规律猜想数学中有关最短线的解答；从力的分解与合成猜想有关图形的几何性质；由抛射运动来猜想和解决有关抛物线的几何性质等都仿造性猜想的典型事例。

审美性猜想是运用数学美的思想——简单性、对称性、相似性、和谐性、奇异性等。对研究的对象或问题的特点，结合已有知识与经验通过直观想象或审美直觉，或逆向思维与悖向思维所做出的猜想。例如，困难的问题可能存在简单的解答；对称的条件能够导致对称的结论以及可能运用对称变换的方法去求解，如奇函数在对称区域上的积分为零；相似的对象具有相似的因素或相似的性质，导数、定积分的本质都是极限，因此它们的一些运算法则与极限运算法则相同；和谐或奇异的构思有助于问题的明朗或简化等均属此列。审美性猜想也与其他猜想一样，可以根据具体情况猜想出问题的结论或者问题的解法等。

三、灵感思维

数学灵感来源于数学家或数学工作者对数学科学研究或探索的激情，是长期或至少是长时间地把思想沉浸于工作与解决问题的境域之中，然后受到偶发信息或精神松弛状态下的某种因素的启迪，爆发出思想的闪光与火花，于是接通显意识，产生跃迁式的顿悟，最后进行验证获得创造性的成果。因此灵感通常是突发式的。但是若能按照上述机制诱导，则对数学工作者来说，努力形成灵感容易诱发的环境与条件。例如查阅文献资料，与有关人员进行交流讨论，善于对各种现象进行观察、剖析，善于汲取各家、各学科的思想与方法，有时可把问题暂时搁置，或者上床静思渐入梦境，一旦有奇思妙想，要立即跟踪记录，如此等等。则灵感也可以是诱发的。

四、发散思维

美国心理学家基尔福特认为，发散思维是从特定的信息中产生信息，其着重点是从向一的来源中产生各种各样的为数众多的输出，很可能会发生转换作用。这种思维的特点是：向不同方向进行思考，多端输出、灵活变化、思路宽广、考虑精细、答案新颖、互不相同。因此，也把发散思维称为求异思维，它是一种重要的创造性思维。

一般说来，数学上的新思想、新概念和新方法往往来源于发散思维。按照现代心理学家的见解，数学家创造能力的大小应和他的发散思维能力成正比。一般而言，任何一位科学家的创造能力可用如下的公式来估计：

创造能力＝知识量×发散思维能力

第二节　创造性思维品质与创造性人才的自我设计

一、思维的广阔性

思维的广阔性表现在能多方面、多角度去思考问题；善于发现事物之间的多方面的联系，找出多种解决问题的办法，并能把它推广到类似的问题中去。思维的广阔性还表现在：有了一种很好的方法或理论，能从多方面设想，探求这种方法或理论适用的各种问题，扩大它的应用范围。数学中的换元法、判别式法、对称法等在各类问题中的应用都是如此。

二、思维的深刻性

思维的深刻性表现在能深入地钻研与思考问题，善于从复杂的事物中把握住它的本质，而不被一些表面现象所迷惑，特别是能在学习中克服思维的表面性、绝对化与不求甚解的毛病。要做到思维深刻，在概念学习中，就要分清一些容易混淆的概念；在、公式、法则的学习中，就要完整地掌握它们（包括条件、结论和适用范围）。领会其精神实质，切忌形式主义、表面化和一知半解、不求甚解。

三、思维的灵活性

大科学家爱因斯坦把思维的灵活性看成创造性的典型特征。在数学学习中，思维的灵活性表现在能对具体问题做具体分析，善于根据情况的变化，及时调整原有的思维过程与方法，灵活地运用有关公式、法则，并且思维不囿于固定程式或模式，具有较强的应变能力。要培养思维的灵活性，传统提倡的“一题多解”是一个好办法，“一题多变”也是值得注意的。

四、思维的批判性

思维的批判性表现在有主见地评价事物，能严格地评判自己提出的假设或解题的方法是否正确和优良；喜欢独立思考，善于提出问题和发表不同的看法，既不人云亦云，也不自以为是。如有的学生能自觉纠正自己所做作业中的错误，分析错误的原因，评价各种解法的优点和缺点等。要培养思维的批判性，就要训练“质疑”。多问几个“能行吗?”“为什么?”另外，构造反例，驳倒似是而非的命题，也是培养思维批判性的好办法。

五、思维的独创性

思维的独创性表现在能独立地发现问题、分析问题和解决问题，主动地提出新的见解和采用新的方法。例如，高斯 10 岁时就能摆脱常规算法，采用新法，迅速算出 $1+2+3+\cdots+100=5050$，是具有独创性的。平时教学中，要注意培养学生独立思考的自觉性，教育他们要勇于创新，敢于突破常规的思考方法和解题模式，大胆提出新颖的见解和解法，使他们逐步具有思维独创性这一良好品质。

创造性思维是思维的高级形态，是个人在已有经验的基础上，从某些事实中寻求新关系，找出独特、新颖的答案的思维过程。它是伴随着创造性活动而产生的思维过程，存在于人类社会的一切领域及活动中，发挥着重要的作用。由于创造性思维具有独特性、发散性和新颖性，因而具有创造性思维的人，就其思维方法和心理品格而言，应具有以下一些特征：

第一，富于思考，敢于质疑。他们对书本上的知识和教师的言行，不盲目崇拜。对待权威的传统观念常投以怀疑的目光，喜欢从更高的角度和更广的范围去思索、考察已有的结论，从中发现问题，敢于提出与权威相抵触的看法，力图寻找一种更为普遍和简捷的理论来概括现有流行的理论。

第二，观察敏锐，大胆猜想。他们有敏锐的观察能力和很强的直觉思维能力，喜欢遨游于旧理论、旧知识的山穷水尽之处。对于某些“千古之谜”、人们望而生畏的“地狱”入口，他们却能洞察其中的渊薮并产生极大的兴趣。善于察觉矛盾，提出问题，思考答案，作出大胆的猜测。

第三，知识广博，力求精深。他们知识面广又善于扬长避短，善于集中自己的智慧于一焦点上去捕获频频的灵感。他们常凭借已有的知识去幻想新的东西。爱因斯坦称颂这种品格说：想象力比知识更为重要，因为知识是有限的，而想象力概括着世界上的一切，推动着进步，并且是知识进步的源泉。

第四，求异心切，勇于创新。他们喜欢花时间去探索感兴趣的未知的新事物，不拘于现成的模式，也不满足于一种答案和结论，常玩味反思于所得结论，从中去寻觅新的闪光点。兴趣上常带有偏爱，对有兴趣的学科、专业，则孜孜不倦。

第五，精力旺盛，事业心强。他们失败后不气馁，愿为追求科学中的真、善、美的统一，为了人类的文明，为了所从事的工作和科学事业的发展，毕生奋斗，矢志不渝，甘当蜡烛，勇于献身。

一个人的创造性思维，并非先天性的先知先觉，而是由良好的家庭、学校、社会的教育和个人进行坚毅的奋斗求索所造就。

是否任何教育都能造就这样的人才？注入式的教学方法能造就吗？学生不讲究科学的学习方法，脑子里塞满越来越多的公式，定律就能自然产生吗？能否自然而然地出现幻想、想象、灵感和洞察力？

单纯的灌输知识只能培养模仿能力。因此，教育必须采取利于培养创造性思维能力的科学的教育方式。今天，学生在学校受教育的过程，应当是培养创造能力、训练创造方法的过程，是激励人们创造性的过程。学生应立于教与学的主体地位，“所谓教师之主导作用，贵在善于引导启迪，使学生自奋其力，自致其知，非谓教师滔滔讲说，学生默默接收”。“尝试教师教各种学科，其最终目的在达到不复需教，而学生能自为研索，自求解决。”因此，大学生在学习过程中，应充分发挥自治自理的精神，要学会自我设计，把握住学习的主动权，去自觉地培养和发展自己的创造性思维能力。

如何才能做好自我设计？

第一，必须对培养创造性能力的目的有明确的认识。要看到这是时代的要求，是时代赋予青年的历史使命。青年必须以高度的责任感和自信心来对自己的学习阶段作出恰当的规划、设计。

第二，要有高度的定向能力。一旦对大学的每个学习阶段的知识学习和能力训练的要求明确以后，就要排除外界各种干扰信息，不畏惧困难，保持高度的注意紧张性，促使自觉地、有目的地去索取知识与培养能力，并把重心放在能力的培养上。

第三，要用心去探究、理解科学知识的孕育过程，即“假设—推理—验证或间接验证—修正假设—推理—再验证”这一循环往复的过程。这个过程，正是揭露知识内在矛盾和发现真理的过程，也是遵循唯物辩证法的认识过程。

第四，要研究推敲知识的局限性，真理的相对性。正如爱因斯坦所指出，科学的现状没有永久的意义。

第五，要敢于用批判的态度去学习知识。学会从书本中去发现问题，从课外读物中去寻找新的思路与线索。要学会凭直觉的想象去大胆的猜想，猜想出的结论并不一定都是正确的，要学会去分析、肯定和扬弃。即使猜想被扬弃，但获得了创造能力的训练，这也是我们所要追求的。因为任何一个创造性的错误要胜过一打无懈可击的老生常谈。

第六，要学习科学的方法论，学会正确的学习方法和思考方法。切记，学习最大的障碍是已知的东西，而非未知的东西，不能在已知的领域中停滞不前。

第七，要学会科学地安排时间。因为时间对每个人来说，都是个“常数”要珍惜时间、利用时间，就得学会“挤”时间，“抓”时间，把精力的最佳时刻用在思维的关节点上，用在思维的最重要的目标上去，以保持创造思维的最佳效果。

第八，要学会建立良好的人际关系。有价值的良好的创造活动，常常需要不同的单位和个人的协作，需要提供更多的信息和保持良好的工作条件。因此，正确的、良好的人际关系是一个从事创造性活动的人所必不可少的。

一旦按照所学的专业的要求和自身的情况做出了实事求是的自我设计，就应当以坚韧不拔的毅力，勤奋刻苦的学习，步步实现自我设计。功夫不负有心人，艰苦的劳动，必然赢得能力攀升，功成名遂！

第三节　创造性思维能力的培养

一、数学知识与结构是数学创造性的基础

科学知识是前人创造活动的产物，同时又是后人进行创造性活动的基础。一个人掌握的知识量影响其创造能力的发挥。知识贫乏者不会有丰富的数学想象，但知识多也未必就有良好的思维创新。那么，数学知识与技能如何影响数学创造性思维呢？如果把人的大脑比作思维的“信息原料库”，则知识量的多寡只表明“原料”量的积累，而知识的系统才是“原料”的质的表现。杂乱无章的信息堆积已经很难检索，当然就更难进行创造性的思维加工了。只有系统合理的知识结构，才便于知识的输出或迁移使用，进而促进思维内容丰富，形式灵活，并产生新的设想、新的观念以及新的选择和组合。因此，是否具有良好的数学知识结构对数学创造性思维活动的运行至关重要。

二、一定的智力水平是创造性的必要条件

创造力本身是智力发展的结果，它必须以知识技能为基础，以一定的智力水平为前提。创造性思维的智力水平集中体现在对信息的接受能力和处理能力上，也就是思维的技能。衡量一个人的数学思维技能的主要标志是他对数学信息的接受能力和处理能力。

对数学信息的接受能力主要表现在对数学的观察力和对信息的储存能力。观察力是对数学问题的感知能力，通过对问题的解剖和选择，获取感性认识和新的信息。一

个人是否具备敏锐、准确、全面的观察力，对捕捉数学信息至关重要。信息的储存能力主要体现在大脑的记忆功能，即完成对数学信息的输入和有序保存。以供创造性思维活动检索和使用。因此，信息储存能力是开拓创造性思维活动的保障。

信息处理能力是指大脑对已有故学信息进行选择、判断、推理、假设、联想的能力，想象能力和操作能力。这里应特别指出，丰富的数学想象力是数学创造性思维的翅膀，求异的发散思维是打开新境界的突破口。

智力是人类的一项重要天赋，是人类与其他生物的重要区别之一。而创造力则是人类智力的一种特殊表现形式，是人类创造、发明和创新的能力。智力与创造力之间存在着密切的联系，智力是创造力的必要条件。

首先，智力是创造力的基础。智力是人类思维能力的核心，是人类能够运知识、经验和技能进行思考、分析和推理的能力。而创造力则是在智力基础上的进一步发展，是思维的高级形式。只有拥有高水平的智力，人们才能更好地进行创造性思维，发现问题并解决问题，从而产生新的创造和发明。

其次，智力是创造力的推动力。创造力需要人们能够对问题进行深入的思考和分析，需要人们能够从多个角度来思考和解决问题。而智力的高低决定了人们在解决问题时的思维灵活性和创造性。具有高智力的人们能够更加敏锐地发现问题，更加快速地提出解决方案，并能够更加巧妙地运用知识和技巧来解决问题，从而推动创造力的发展。

最后，智力是创造力的培养和发展的基础。智力可以通过学习和训练来不断提高和发展。只有掌握了一定的知识和技能，人们才能够更好地进行思考和创造。智力的培养和发展为创造力的形成提供了必要的条件和基础。通过不断学习和训练，人们可以提高自己的智力水平，从而更好地发挥创造力。

综上所述，智力是创造力的必要条件。智力是创造力的基础，智力的高低决定了创造力的发展水平，同时智力也是创造力的培养和发展的基础。只有拥有高水平的智力，人们才能够更好地发挥自己的创造力，为社会进步和人类的发展做出更大的贡献。

三、通过数学教育提高创造性思维能力

（一）转变教育观念，将创造性能力作为整个数学教育的原则

要相信每个人身上都存在着创造潜力，学生和科学家一样，都有创造性，只是在创造层次和水平上有所不同而已。科学家探索新的规律，在人类认识史上是“第一次”的，而学生学习的是前人发现和积累的知识，但对学生本人来说是新的。我国教育家刘佛年教授指出，“只要有点新意思，新思想，新观念，新设计，新意图，新做法，新方法，就称得上创造”。所以对每个学生个体而言，都是在从事一个再发现、再创造的过程。数学教育家弗赖登塔尔在《作为教育任务的数学》中指出，将数学作为一种活动来进行解释，建立在这一基础上的教学活动，我称为再创造方法。“今天原则上似乎已普遍接受再创造方法，在实践上真正做到的却并不多，其理由也许容易理解。因为教育是一个从理想到现实，从要求到完成的长期过程。”“再创造是关于研究层次的一个教学原则，它应该是整个数学教育的原则。”通过数学教学这种活动来培养和发展学

生的数学创造性思维，才能为未来学生成为创造型的人才打下基础。

（二）在启发式教学中采用的几点可操作性措施

数学教学经验表明，启发式方法是使学生在数学教学过程中发挥主动的创造性的基本方法之一。而教学是一门艺术，在一般的启发式教学中艺术地采用以下可操作的措施对学生的数学创造性思维是有益的。

第一，观察试验，引发猜想。英国数学家利特伍德在谈到创造活动的准备阶段时指出："准备工作基本上是自觉的，无论如何是由意识支配的。必须把核心问题从所有偶然现象中清楚地剥离出来。"这里偶然现象是观察试验的结果，从中剥离出核心问题是一种创造行为。这种行为达到基本上自觉时，就会形成一种创造意识。我们在数学教学中有意识设计、安排学生观察试验、猜想命题、找规律的练习，逐步形成学生思考问题时的自觉操作，学生的创造性思维就会有较大的发展。

第二，数形结合，萌生构想。爱因斯坦曾指出："提出新的问题，新的可能性，从新的角度去看旧的问题，都需要有创造性的想象力。"在数学教学之中，适时地抓住数形结合这一途径，是培养创造性想象力的极好契机。

第三，类比模拟，积极联想。类比是一种从类似事物的启发中得到解题途径的方法。类似事物是原型，受原型启发、推陈出新；类似事物是个性，由个性中提出共性就是创新。

第四，发散求异，多方设想。在发散思维中沿着各种不同方向去思考，即有时去探索新运算，有时去追求多样性。发散思维能力有助于提出新问题，孕育新思想，建立新概念，构筑新方法，数学家创造能力的大小，应和他的发散思维能力成正比。在数学教学中，一题多解是通过数学教学培养发散思维的一条有效途径。

第五，思维设计，允许幻想。数学家德·摩根曾指出："数学发明创造的动力不是推理，而是想象力的发挥。"列宁也说过："幻想是极其可贵的品质，甚至在数学上也是需要幻想的，甚至没有它就不可能发明微积分。"在数学抽象思维中，动脑设计，构想程序，可以锻炼抽象思维中的建构能力。马克思曾说过，"最拙笨的建筑师和最巧妙的蜜蜂相比显得优越的"是"建筑师在建造一座房子之前，已经在他的头脑中把它构成了"。根据需要在头脑中构想方案，建立某种结构是一种非常重要的创造能力。

第六，直觉顿悟，突发奇想。数学直觉是对数学对象的某种直接领悟或洞察，它是一种不包含普通逻辑推理过程的直接悟性。科学直觉直接引导与影响数学家们的研究活动，能使数学家们不在无意义的问题上浪费时间，直觉与审美能力密切相关。这在科学研究中是唯一不能言传而只能意会的一种才能。在数学教学中可以从模糊估量、整体把握、智力图像三个方面去创设情境，诱发直觉。使堵塞的思路突然接通！

第七，群体智力，民主畅想。良好的教学环境和学习气氛有利于培养学生的创造性思维能力。课堂上教师对学生讲授解题技巧是纵向交流垂直启发，而学生之间的相互交流和切磋则可以促进个体之间创造性思维成果的横向扩散或水平流动。

（三）具体到数学教学中，要注意以下几个方面

第一，加强基础知识教学和基本技能训练，为发展学生的数学思维和提高他们的创造能力奠定坚实的基础。一定的知识和能力是学生今后学习和工作成功的必备条件。

就知识和能力的关系而论，脱离开知识，能力培养便失去基础；不去发展能力，便难以有效掌握知识，两者是不可分割的辩证统一体，教学方法的实质就在于如何在教与学的过程中，把获得知识和发展能力统一起来，使之相互促进。在教学中，知识和能力的统一问题，经常表现为正确处理好学懂与学会的矛盾问题。数学光学懂了不行，还要看解决问题的能力如何。数学知识的学习既要做到学懂，还要做到学会，但是学懂是基础。如果事先还没有学懂那根本谈不上学会。从教学角度来分析，懂得获得知识的问题，会是增长能力的问题。从懂到会要经过一番智力操作（其中特别是思维），是把人的外在因素转变为内在因素的过程。

第二，要重视在传授知识的过程中训练学生思维，培养能力。数学教学不仅要传授知识，而且要传授思想方法，发展学生的思维和提高他们的能力。而能力的发展要求与基础知识教学紧密地结合起来。从大量的知识内容中去获得思想方法和发展能力的因素。从反复的练习中去学会运用这种思想方法和发展能力。譬如，从总的方面来看，学生逻辑思维能力的发展经过了以下几个阶段：第一阶段，在小学阶段的教学中，理论和法则的阐述都是建立在归纳法（或叫做不完全归纳法）的基础上的。在传授知识过程中，开始总是摆事实，摆了一层又一层，在相信一层又一层事实的基础上，归纳出数学法则。这时的逻辑训练是在教给学生交换律、结合律、分配律这样一些运算的基本定律，学生就是在获得这些基础知识的过程中，在不知不觉中掌握归纳的推理方法，为今后学习物理、化学、生物等学科打下基础，学会如何通过几个实验、数量模型等归纳出科学的规律来。学生应善于运用所掌握的思维方法，会有较强的接受能力。第二阶段，是从初中几何课开始，学生开始系统地接受演绎思维的训练。演绎法是一种严密的推理方法，它是人类认识客观世界在思维方面的发展。单靠直观上的正确不能满足认识上的需要了，要证明两个线段相等不能靠量一量了事，要证明两个图形全等不能靠剪下来看是否重合，而是从已知条件出发，根据定义、公理和已被证明地演绎出必然的结果。最后，学生到了高中阶段，思想方法逐渐严密，他们产生这样一种思想，不满足用归纳法得出结果，还要求对这些结果进行演绎法的证明，证明它们或者成立，或者不成立。不仅了解局部的演绎证明，还想了解整个课程是按照一个什么样的演绎逻辑系统展开的。这样，中学教育无形中引导学生进入近代科学探讨问题的境界。总之，我们不能脱离开知识孤立地谈论能力培养，而是要在传授知识的过程中，结合知识获得的同时，一点一滴地去培养学生的能力。到了大学阶段，学生的基本思维能力均已具备，教学中就应重点考虑创造性：思维能力的培养。

第三，要研究把知识转化为能力的过程。对任何人来说，知识是外在因素，能力是内在因素。教学工作就是要促进知识转化为能力，而且转化得越快越好，这是教学方法的科学实质。我们知道只有在知识和能力之间建立起一种联系才能促使其相互转化，这种联系是大脑功能的反应，是思维的产物。在教学中学生思维的内容就是教学内容，教师必须深入研究学生在学习过程中的思维状况，知识是在思维活动过程中形成的。在教学中智力对知识的操作是通过思维来实现的。这一般表现为求异思维和求同思维，这是学习过程中的基本的思维方式。求异思维就是对事物进行分析比较，找出事物之间的相同点和不同点。求同思维就是从不同事物中抽取相似的、一般的和本质的东西来认识对象的过程。

第四，解题是发展学生思维和提高能力的有效途径。所谓问题是指有意识地寻求某一适当的行动，以便达到一个被清楚地意识到但又不能立即达到的目的。而解题指的就是寻求达到这种目的的过程。著名数学教育家波利亚在《数学的发现》一书中指出："掌握数学意味着什么呢？这就是善于解题，不仅善于解一些标准的题，而且善于解一些要求独立思考、思路开阔、见解独到和有发明创造的题。"从广义上说，学校学生的数学活动，其实也就是解决各种类型数学问题的活动。

解题是一种富有特征的活动，它是知识、技能、思维和能力综合运用的过程。在数学学习中，解题能力强的学生要比能力低的学生更能把握题目的实质，更能区分哪些因素对解题来说是重要的和基本的：有能力的学生对解题类型和解题方法能迅速地、容易地做出概括，并且将掌握的方法迁移到其他题目上面去。他们趋向跳过逻辑论证的中间步骤，容易从一种解法转到另一种解法上，并且在可能的情况下力求一种"优美"的解法；他们还能够在必要时顺利地把自己思路逆推回去。最后，有能力的学生趋向于记住题目中的各种关系和解法本质，而能力较低的学生甚至只能回忆起题目中一些特殊的细节。

思维与解题过程的密切联系是大家都清楚的，虽然思维并非总等同于解题过程，然而思维的形成最有效的办法是通过解题来实现的。正是在解数学题的过程中，有可能达到数学学习的直接目的的同时，最自然地使学生形成创造性的数学思维。在现代数学教学体系中，为了发展学生的数学思维和提高他们的数学能力，要求在数学课中必须有一个适当的习题系统，这些习题的配置和解答过程，至少应当考虑部分地适应发展学生的数学思维和提高数学能力的特点和需要。因此，数学教学一项最重要的职责是强调解题过程思维和方法训练。

第五，变式教学是"双基"教学、思维训练和能力培养的重要途径。所谓变式是指变换问题的条件或形式，而问题的实质不改变。不改变问题的实质，只改变其形态或者通过引入新条件、新关系，将所给问题或条件变换成具有新形态、新性质的问题或条件，以达到加强"双基"教学，训练学生思维和提高他们能力的目的，这种教学途径有着很高的教育价值。变式不仅是一种教学途径而且是一种重要的思想方法。采取变式方式进行教学叫做变式教学。

变式有多种形式，如形式变式、方法变式、内容变式。

第一，形式变式，如变换用来说明概念的直观材料或事例的呈现形式，使其中的本质属性不变，而非本质属性时有时无。例如将揭示某一概念的图形由标准位置改变为非标准位置，由标准图形改变为非标准图形，就是形式变式。我们把这种形式变式叫做图形变式。

第二，内容变式，如对习题进行引申或改编，将一个单一性问题变化成多种形式、多种可能的问题。一题多变就是通过变化内容使一个单一内容的问题，辐射成具有多种内容的问题。这种变式可以促使问题层层深入，思维不断深化。

第四，方法变式，如一题多解，通过方法变式，使同一问题变成一个用多种方法去解决，从多种渠道去思考的问题，这样可以促使思维灵活、深刻。

在《高等数学》教学中，要结合相关的知识点，着重培养学生的创造性思维能力：

第一，直觉思维能力的培养。美国著名心理学家布鲁纳指出："直觉思维，预感的训练，是正式的学术学科和日常生活中创造性思维的很受忽视而重要的特征。"具体在教学活动中，要注意以下几点：

①重视数学基本问题和基本方法的牢固掌握和应用，加深学生对数学知识的直觉认识，形成数学知识体系。数学中的知识单元一般由若干个定义、公式、法则等组成，它们集中地反映在一些基本问题、典型题型或方法模式中。许多其他问题的解决往往可以归结为一个或几个基本问题，划归为某类典型问题，或者运用某种方法模式。

②强调数形结合，发展学生的几何思维和空间想象能力，数学形象直感是数学直觉思维的源泉之一，而数学形象直感是一种几何直觉或空间观念的表现，对于几何问题要培养几何自身的变换、变形的直观感受能力；对于非几何问题则尽量用几何的眼光去审视分析就能逐步过渡到几何思维方式。

③凭借直觉启迪思路，发现新的概念、新的思想方法。从事数学发明、创造活动，逻辑思维很难见效，而运用数学直觉常常可以容易地抓住数学对象之间的内部联系，提出新的思路，从而发现新的内容与思想方法。

第二，猜想思维能力的培养。鼓励学生利用直觉进行大胆猜想，养成善于猜想的数学思维习惯。猜想是一种合理推理，它与论证所用的逻辑推理相辅相成，对于未给出结论的数学问题，猜想的形成有利于解题思路的正确诱导；对于已有结论的问题，猜想也是寻求解题思维策略的重要手段。培养敢于猜想，善于探索的思维习惯是形成数学直觉，发展数学思维，获得数学发现的基本素质。

常见的猜想模式有：

①通过不完全归纳提出猜想。这需要以对大量数学实例的仔细观察和实验为基础。

②由相似类比提出猜想。

③通过强化或减弱的条件提出猜想，可称为变换条件法。另外，还可通过命题等价转化由一个猜想提出新的等价猜想，称为逐级猜想法。

④通过逆向思维或悖向思维提出猜想。悖向思维是指背离原来的认识并在直接对立的意义上去探索新的发展可能性。由于悖向思维也是在与原先认识相反的方向上进行的，因此它是逆向思维的极端否定形式。数学史上无理数、虚数的引进在当时均是极度大胆的猜想，曾经遭到激烈的批评和反对，非欧几何公理的提出是逆向思维的大胆猜测。

⑤通过观察与经验概括，物理或生物模拟，直观想象或审美直觉提出猜想，在现实世界中，对称现象非常普及。反映到数学中，对称原理也是随处可见。尤其在描述、刻画现实世界中运动变化现象的重要学科——微分方程的理论中更是大显身手，即使在高度抽象的"算子"理论中也充分体现出数学的对称美。

第三，灵感思维能力的培养。通过研究数学史，结合心理学知识，人们总结出如下一些激发灵感的方法可供借鉴。

①追捕热线法。"热线"是由显意识孕育成熟了的，并可以和潜意识相沟通的主要课题和思路。大脑中一旦"热线"闪现，就一定要紧紧追捕。迅速将思维活动和心理

活动同时推向高潮，务必求得一定的结果。古希腊的大科学家阿基米德，当罗马军队侵入叙拉古并闯入他家中时，正蹲着研究在地上的几何图形，继续追捕着他顿悟的数学证明，直到罗马士兵的宝剑刺到了鼻尖，他还坦然不畏地说："等一下杀我的头，再给我一会儿功夫，让我把这条几何证完，不能给后人留下一条没有证完的啊……"。残暴的罗马士兵不容分说，便举剑向他砍去，阿基米德大喊一声："我还没做完……"便倒在了血泊之中。他至死也不肯断掉头脑中的"热线"。

一旦产生"热线"，有了新思想，就要立刻紧紧抓住，否则稍纵即逝。这正如苏轼所言："作诗火急追亡捕，情景一失永难摹。"

②暗示右脑法。按斯佩里的脑科学新成果，人的右脑主管着许多高级功能。比如音乐、图画、图形等感觉能力，几何学和空间性能力，以及综合化、整体化功能，都优越于左脑。因此，右脑主管着人的潜思维——孕育着灵感的潜意识。近几十年来，世界上许多心理学家、教育学家都相继把研究目光转向重视发挥潜意识的作用。保加利亚心理学家洛扎诺夫通过改革教学法的实验，得到用"暗示法"启示潜意识，调动大脑两半球不同功能的积极性，收到良好的效果。

③寻求诱因法。灵感的迸发几乎都必须通过某一信息或偶然事件的刺激、诱发。数学及其他科学发现中的大量事实表明，当思维活动达到高潮，问题仍百思不得其解时，诱发因素就尤为宝贵，它直接关系到研究的成功或失败。这种诱发因素的获得办法有多种，如自由的想象、科学的幻想、发散式的联想、大胆的怀疑、多向的反思等。

④暂搁问题法。如果思考的问题总是悬而难决，那就把它暂搁下来，转换思维的方向和环境，或去学习和研究别的一问题，过一段时间再回到这个问题上来，或不自觉地使你回到原题上来，有时就会突然悟出解决的办法来。"文武之道，一张一弛。"长期紧张的用脑思索之后，辅之以体育活动、文艺活动或散步、赏花、谈心、下棋、看戏、沐浴、洗衣等。有意识地使思维离开原题，让大脑皮层的兴奋与抑制关系得到调剂，才能有效地发挥潜思维的作用促使灵感的顿发。

⑤西托梦境法。美国堪萨斯州曼灵格基金会"西托"状态研究中心的格林博士认为，一个人身心进入似睡似醒状态时，脑电图显示出一系列长长的、频率为 4～8 周的电波，科学家称这种状态为"西托"。这种电波称为"西托波"。而在两托状态中做梦常常会迸发出创造性灵感。这种"西托"式的梦境，只有在思考的问题焦点时期，思索紧张，以至达到吃不好、睡不着的程度才易于出现。因此，并非一切"做梦"都能诱发灵感，我们应当创造条件，为有利的"做梦"提供机会。

⑥养气虚静法。以"养气"使身心进入"虚静"（排除内心一切杂念，使精神净化）。在"虚静"境界里，求得灵感的到来。这是中国古代提出的诱发灵感发生的成功方法。由于"养气"是要"清和其心，调畅其气"。使其心情舒畅，思路清晰、虚心静气。

⑦跟踪记录法。灵感像个精灵，来去匆匆，稍纵即逝。必须跟踪适录，随身携带笔和小本子，只要灵感火花一现，就即刻把它捕获记下。

上述方法，如用之于数学学习中，我们的学习就不只局限于再现式的学习，它将引导你去取得创造性学习的成功；如用之于研究数学问题中，将把你的思考引向新的境界，以获取某些新的创见。尽管灵感的生理机制和心理机制目前尚不清楚，但它确实存在，亦可捕捉。我们要学会捕捉它，从捕捉它的过程中，逐步掌握这种创造性的学习和思考的方法，逐步培养和提高自己的灵感思维能力。

第四，发散思维能力的培养。数学问题中的发散对象是多方面的。例如，对数学概念的拓广，对数学命题的推广与引申（其中又可分为对条件、结论或关系的发散），对方法（解题方法、证明方法）的发散运用等。发散的方式或方法更是多种多样，可以多角度、多方向地思考。例如，在命题的演变中可以采取种种逆向处理（交换命题的条件和结论构成逆命题，否定条件构成否命题）。可以采取保留条件、加强结论、特殊化、一般化、悖向处理提出新假设等各种方式。对于解法的发散方式则可以采取：几何法、代数法、三角法、数形结合法、直接法或间接法、分析法或综合法、归纳法或递推法、模型法、运动、变换、映射方法以及各种具体的解题方法等。

加强发散思维能力的训练是培养学生创造性思维的重要环节。那么，怎样训练学生的发散思维能力呢？

①对问题的条件进行发散：对问题的条件进行发散是指问题的结论确定以后，尽可能变通已知条件，进而从不同的角度，用不同的知识来解决问题。这样，一方面可以充分揭示数学问题的层次，另一方面又可以充分暴露学生自身的思维层次，使学生从中吸取数学知识的营养。

例如，求一平面区域的面积时，可将该平面图形放在二维坐标系中用定积分方法计算，也可以放在三维空间中的坐标面内，用二重积分、三重积分解决，还可以用第一类曲面积分知识、格林公式解决。

②对问题的结论进行发散：与已知条件的发散相反，结论的发散是确定了已知条件后，没有固定的结论，让学生自己尽可能多的确定未知元素，并去求解这些未知元素。这个过程是充分揭示思维的广度与深度的过程。

③对图形进行发散：图形的发散是指图形中某些元素的位置不断变化，从而产生一系列新的图形。了解几何图形的演变过程，不仅可以举一反三，触类旁通，还可以通过演变过程了解它们之间的区别和联系，找出特殊与一般之间的关系。

④对解法进行发散：解法的发散即一题多解。

⑤发现和研究新问题：在数学学习中，学生可以从某些熟知的数学问题出发，提出若干富有探索性的新问题，并凭借自己的知识和技能，经过独立钻研，去探索数学的内在规律，从而获得新的知识和技能，逐步掌握数学方法的本质，并训练和培养自己的发散性思维能力。

第四节　解决数学问题与培养创造能力

对于学生来说，数学学习不仅意味着掌握数学知识，形成数学技能，而且还会发现与创建“新知识”（再创造），即能够进行一定的创造性数学活动。学生的创造性活动同科学家的创造性活动有很大的不同，当然两者也有深刻的一致性。学生在学习数学的活动中不断产生对他们自己来说是新鲜的、开创性的东西，这是一种创造。正如教育家刘佛年指出的："只要有点新意思、新思想、新观念、新设计、新意图、新做法、新方法，就称得上创造。我们要把创造的范围看得广一点，不要把它看得太神秘，非要有新的科学理论（不可）才叫创造，那就高不可攀了。"学生的创造性往往是在解决数学问题的过程中逐渐培养起来的。学生学习解决数学问题的过程，实际上也就是学习创造性数学活动经验的过程。

一、教师要引导学生独立解决问题

数学问题解决的活动应由学生主动独立地进行，教师的指导应体现在为学生创设情境、启迪思维、引导方向上。

波利亚指出，学习解题的最好途径是自己去发现，在问题解决的学习过程中，教师要为学生创造一个适合学生自己去寻找知识的意境，使学生经常处于"愤"和"悱"的境地，引导学生自己去做力所能及的事。这里，有一个"放手"的问题，也有一个"力所能及"的问题。"放手"是由学习的主动性与独立性原则所决定的；"力所能及"则是由高难度与量力性原则的一致性所决定的。

引导学生自己去做，就必然出现学生经常不用教师讲的或课本上现成的方法去解答问题的现象，解对了，当然好，这说明学生对基本原理真的懂了。解错了，好不好？或者，虽然对了，但方法太繁，好不好？我们认为也好，这说明学生不满足于依葫芦画瓢，也说明学生有创新精神，有胆量。解错了，或者方法太繁，这正需要教师的热情指导。

我们说要让学生独立进行解题活动，并不是取消教师对学生解题活动的必要指导。恰恰相反，学生的解题活动必须置于教师的合理控制之下，这种合理性主要表现在使学生按照有利于他们发挥主动精神，有利于他们发现解题方法的"程序"进行解题活动。同时还应有利于学生对学习兴趣、爱好、情感等的良好发展，以及勇于克服困难的意志的形成等。

二、寻找问题也是学生创造性的一个重要表现

在问题解决的学习中，要尽量通过问题的选择、提法和安排来激发学生，唤起他们的好胜心与创造力。

善问是数学教师的基本功，也是所有数学教育家十分重视研究的问题。一个恰当而富有吸引力的问题往往能拨动全班学生思维之弦，奏出一曲耐人寻味，甚至波澜起伏的大合唱。

第一，问题要选择在学生能力的"最近发展区"内。这就是说，教师要能细致地钻研教学内容，研究学生的思维发展阶段和知识经验能力水平等因素，所提问题能符合高难度与量力性原则的一致性既不能用降低难度来满足量力性，也不能不顾量力性一味追求高难度。

第二，问题的提法要有教学艺术性。这就是说，问题的提法不同，会有不同的效果；要设法使得提法新颖，让学生坐不住，欲解决而后快。

第三，问题的安排也要有教学艺术性。这就是说，安排问题既要符合需要，掌握

时机与分寸，又要考虑学生的特点，注意他们的“口味”与喜好。题目的安排要由浅入深，由易到难，由同一类型到灵活性稍大的一组题等。

第四，激励学生自己提出问题，是培养他们创造性的重要途径，在数学问题解决中，实际上已涉及提出问题。波利亚指出，在解决问题的过程中，常需要引进辅助问题。“如果你不能解决所提出的问题，可先解决一个与此有关的问题。你能不能想出一个更容易着手的有关问题？一个更普遍的问题？一个更特殊的问题？一个类比的问题？”由此可知，提出问题在数学问题解决中的重要性，也是创造性思维的一种重要表现。许多科学家、学者都认为，提出问题比解决问题更重要？爱因斯坦曾说：“提出一个问题比解决一个问题更为重要，因为解决问题也许是一个数学上或实验上的技能而已，而提出新的问题、新的可能性，从新的角度去看旧的问题，却需要创造性的想象力而且标志着科学的真正进步。”因此，在解决数学问题中，有意识、有目的地鼓励学生提出问题，这是培养他们创造性的重要一环。

具体到数学教学活动中，应该注意以下几点：

第一，在数学教育中，如何教会学生解决问题，这是数学教育的一个重大课题。在这个问题上，传统数学教育，长期停留在引导学生用常规思维方法去解决常规数学问题的算法，偶尔也引导学生采取探索启发式去解决问题。至于如何解答非常规数学问题，课堂教学中一直是一项空白。采取试探策略引导学生运用创造性技术去解决问题，无疑对于培养学生的创造性有极大的益处。

第二，根据国内的研究，一般认为，激发创造性思维的有效途径有三条：①设置活跃创造性思维的环境条件；②坚持以创造为目标的定向学习；③实施激疑顿悟的启发教育。

但是一直未有寻求到一种把三者恰到好处结合在一起的形式，现在看来，非常规数学“问题解答”至少提供了把上述三者结合起来的一种途径。

第三，要教会学生思维，特别是如何进行创造性思维，研究解答问题的思维过程几乎是不可少的。因此问题解答应注意解答问题的思考过程，而不只是其答案。问题解答成功的过程比正确的答案更富有教育意义，如果出现学生被问题吸引住了并且愿意去不断地进行解答，那么数学教育将会获得极大的成功。

第四，许多学生原有的思路（预先做出的想法）常常把他们引入死胡同，这种例子既不少见，也不意外。如果学生研究了所有可能的信息，但仍然找不到一个解法，这时教师就应该引导他们改变想法，着手考虑另外的途径。传统数学教育正是在这一点上显示出弱点，经常的做法是常常指点学生通过最有效的途径去解题，而不是让学生一步步地进行试探来解决问题。

第五，在问题解答的整个过程中，应当通过教师的提问，使学生回过头来思考一下问题的解答。传统数学教育常常是趋向于不去理会一个已被“解决”的问题（即已经找出答案的问题）。为的是继续解决下一个问题。这样我们便失去了从数学活动中可能得到的额外的非常有价值的东西的机会。应该仔细地检查解答，询问一些关键的地方，提出许多个“如果……，会怎么样……”的问题让学生去思考这样便会大大增进数学解题的教育意义。

第六，鼓励学生猜测，鼓励学生思考，鼓励学生进行想象的创造性思维。在一个积极的课堂教学气氛中，学生可以像他们所希望的那样去自由思考问题，如果在回答问题时学生说出他们自己的某种想法，教师千万别去责怪学生是“离题”的回答。再一次记住，重要的是问题解答的过程和学生参与的热情。

系统的试行尝试错误法以及审慎地选择猜想，两者都是可供使用的创造性技术。猜测或者仔细地试行尝试错误法都应该练习，并给予鼓励。

做一个好的猜测者是困难的，但是要争取做一个好的猜测者，这一点很重要，这也是被传统数学教育所忽略了的。

第七，让学生构建一个他们自己的问题解答过程的框图，随着问题解答过程不断地发展，框图也应该变得更加复杂起来。用文字、符号或图表简明地表达解答过程或结果的能力，叙述表达自己解题思路的能力，这也是问题解答所必需的。

第八，我们不仅要重视常规教学，而且与此同时也应重视非常规教学，我们总不能老是靠模仿着一种样子学会走路，几十年总是按照一种模式来进行教学。我们不仅要重视常规数学问题的解答，也应重视非常规数学问题的解答；我们不仅要重视常规思维和强思维方法的训练，也应重视非常规思维和弱思维方法的训练，但后者是在前者的基础上进行的，后者是前者的必然引申和发展。

数学教学中应以提出问题，解决问题为主线，以发展创造性思维能力为核心。而直觉思维、猜想思维、灵感思维、发散思维、求异思维正是创造性学习所必备的思维能力。因此，在数学教学中应注重创新教育，培养学生的创新意识、独立思考的习惯、提出问题和自主解决问题的能力。

怎样才能在数学学习中发现问题并提出问题呢？

首先，要善于质疑。学贵在疑。学习知识，“疑”是提出问题的起点。能否发出疑问也是一个人数学思维能力强弱的表现。许多人往往在学习中满足于一知半解，表面看去像懂了，实则似懂非懂，提不出任何疑问，反映出思考不够，或不会在思考中寻疑。如何在学习中寻疑？建议从以下几方面去思索。

（1）从概念的理解中去寻疑。对于数学概念的学习，必须先理解其含义，然后再去质疑。该概念揭露了事物的何种本质属性？其内涵反映了哪些特征？它的外延范围怎样？它是按何种形式下的定义？可以有几种定义的形式？比较其各自的特点？和它邻近的概念是什么？它们在内涵和外延上有什么关系？此概念在理解上可能会产生哪些错误？例如，极限概念的理解就十分重要，它是由初等数学进入高等数学的桥梁，微分、积分中的有关定义，都是通过极限来叙述的，深刻理解极限概念对理解高等数学中其他的概念，帮助很大。

（2）从条件的分析中去寻疑。必须先理解陈述了何种事实，然后考察。该条件在论证中用到何处？起到何种作用？条件可否增、减？增强条件后，结论将发生何种变化？推证过程和原的论证相比，哪些地方简易了？若将条件减弱后，论证又将增加何种困难？能否达到严谨的证明？论证中应用了哪些基础知识？采用了哪些数学工具？原来的证明中有没有不足之处？论证中的基本思路怎样？何处是证明的关键？能否有其他的证明途径？如有，将如何实现？对于不同的证明方法，各有何优劣？证明中可能会产生些什么错误？常出现在什么地方？

（3）从数学公式的剖析中去寻疑。原公式是从何种事实中抽象出来的数学模型？这种抽象抓住了哪些本质属性？又舍去了哪些非本质的属性？抽象中做了哪些简化假设？。原公式若是从已有的数学知识中推导出来的，那么这种推导的基础是什么？有几种推导方法？有哪些限制条件？这些条件可否增、减？增、减后公式的结果、适用范围又将发生何种变化？公式的适用范围怎样？如何用它去解决有关的数学问题和实际问题？在解决实际问题时，应有何种要求？公式的形式是否还可简化？

（4）从解题的方法中去寻疑。已做出的解题方法的思路怎样？求解过程中的关键在何处？审题中易犯哪些错误？解题中用了哪些基础知识和基本公式？在应用中有无条件限制？可能有几种解题的入门思路？哪些走得通？哪些走不通？为什么？该题的求解过程中，易犯何种错误？在何处容易出错？错误的原因是什么？若有几种不同的解法，比较它们各有哪些优、缺点？各自的思路有何异同？

其次，要会整理问题。当在数学学习中提出疑问，发现问题之后，应经过进一步地分析、整理，从提出的一系列矛盾中找出主要矛盾，明确主要问题。把次要的问题暂搁一边，有的对于解决问题无伤大局，有的会在解决主要问题后迎刃而解。明确问题，应厘清数学矛盾或问题的症结所在，并正确地用简明的语言把问题表达出来。

数学学习中，发现疑问和整理问题常常是结合在一起进行的，它们是数学思维的基本出发点和前提。有疑才会有问，有问则必有所思，有思才会促使学习深化。因此，在学习数学时，应把发现问题和解决问题放在首位，在发展数学思维能力上多下功夫。

培养学生提出问题、分析问题、解决问题及创造性能力，教师在教学中不仅要“教知识”。而且要“教思考”“教猜想”。将自己的思维过程原汁原味地奉献给学生。

第一，探索问题的非常规解法，培养思维的创造性、培养学生的想象力和创造精神是实施创造性教育中的一个重要部分，教师要启迪学生创造性地“学”。敢于标新立异，打破常规，克服思维定势的干扰，善于猜想，发现新规律，采用新方法。激发学生的直觉思维、灵感思维，去大胆地探讨问题，积极地解决问题，以增强学生思维的灵活性、开放性和创造性。

如计算重积分时，总是化为累次积分计算，但对于三重积分，有时采用截面法会比化为三次定积分更好一些。

第二，创设问题情境，诱发思维的发散性。思维的发散性，表现在思维过程中，不受一定解题模式的束缚、从问题的个性中探求共寻求变异，多角度、多层次地去猜想、延伸、开拓，是一种不定式的思维形式。发散思维具有多变性，开放性的特点，是创造性思维的核心。

在教学中，教师的诱导需精心创设问题情境，组织学生进行生动有趣地讨论、辩论、猜想等活动，留给学生想象和思维的空间，充分揭示获取知识的思维过程，使学生在教与学的过程中“学会”并“会学”。

第三，换位思考，探索思维的求异性。求异思维是指在同一问题中，敢于质疑，产生各种不同于一般的思维形式，它是一种创造性的思维活动。在教学中要诱发学生借助于求异思维，从不同的方位探索问题的多种思路。

学起于思，思源于疑，疑则诱发创新，教师要创设求异的情境，鼓励学生多思、多问、多变，训练学生勇于质疑，在探索和求异中有所发现和创新。

第九章　高等数学教育教学实践

第一节　高等数学中数学美的应用

一、数学美概论

数学美的分属同美的领域的划分有关。关于美的划分，按照不同的标准可以有不同的划分：按感性现象的形成、按艺术的种类、内容和形式等。

按感性现象的形成划分，即按给人以美感的对象产生的不同方式来划分。据此可分为自然美与艺术美两类。狭义的自然美是指大自然的美，如山水风景美；广义的自然美包括人类社会在内的现实生活中体验的美，这时又称现实美。与自然美对立的是艺术美，是专门艺术作品产生的美。这种划分是将其作了两极的划分，但是在现实生活和艺术创造中，除了现实美与艺术美以外，还有具有审美属性的技术产品，比如机械、器具、交通工具、建筑、桥梁、道路、工艺品等。因此，在现实美中又可分为自然美与技术美，以技术美作为自然美与艺术美的补充。

按内容与形式可分为形式美与内容美。形式美是在某种协调的形式上产生的，它遵守一系列形式法则，其基本的法则是“多样性的统一”，使整体按照容易把握的秩序构成。内容美是表现为适应于有机的精神生活内容时产生的。由于形式与内容的不可分离性，二者的结合便是表现美。

由于美学的发展，审美观照物已由客观事物的感性形象发展到观念的、超“感性的”美，即观念美。作为其代表的是科学美。关于科学美，人们至今尚未深入探讨，因而没有统一的界定。总的趋势是将在对观念形态的认知过程中体验到的、在科学认知中具有审美属性的超感性对象作为观照物的美称为科学美。数学美就是在认知量化模式的过程中，将量化模式作为观照物的美。

数学美作为科学美，具有科学美的一切特征。首先，它不以感性对象作审美观照，同自然美、艺术美、技术美的审美客体不同；其次，美感不具有具象性，是一种抽象的“超感觉”的美。数学美作为特殊的科学美，具有自己的特殊性。首先，科学认知对象特殊，即数学模式作为认知对象，不同于其他科学美的对象，是在这种特殊的认知过程中产生的美感、审美体验和审美享受。其次，由于数学科学的形式化、逻辑化、工具性的普适化特征，在数学美中反映为形式美、逻辑美与普适美。

二、数学美的基本样式——统一美

中外数学家差不多都体验到数学美，比如庞加莱说：“感觉数学的美，感觉数与形的调和，感觉几何学的优雅，这是所有真正的数学家都知道的真正美感。”那么，数学美是怎样被体验、感受的呢？实际上，其基本表现形态是多种类、多层次、多样化模式基础上的统一美，其进一步表现形态是协调美、对称美、简洁美、奇异美。

数学在一般情况下被认为是杂乱无章的，分支细碎，多种类、多层次的。在这个背景下，数学的统一给人以整体感、稳定感和秩序感，成为一种冷峻的美。如果认识了数学的统一，会使人对数学事实与方法产生全局性的认识，能够坚定人对掌握数学科学的决心和信心。

首先，数学的统一基础，就是集合论。比如几何学，欧几里得几何出现的两千年里没人怀疑他的真理性。其中的平行公理说：“平面上过直线外一点只能引一条与该直线平行的直线。”

1826 年，俄国数学家罗巴切夫斯基以与此公理矛盾的罗巴切夫斯基公理：“平面上过直线外一点至少能引两条与该直线不相交的直线。”代替它，结果建立了无矛盾性的新的罗巴切夫斯基几何学。后来，庞加莱在欧氏平面上做出了罗氏几何的模型：把半平面 π 上的半圆叫做罗氏直线，将平面分成半平面的直线 φ 上的点看作无穷远点，任一条罗氏直线 a 都与 φ 相交于两点，因而罗氏直线有两个无穷远点。过 a 外一点 A 可以作两条直线 a’ 与 a”，同 a 切于无穷远点，因而与 a 不相交。而过 A 在区域Ⅰ、Ⅱ的任一罗氏直线 b 都与 a 不相交。而过在区域Ⅰ、Ⅱ的任一罗氏直线 b 都与 a 不相交。这样，罗氏几何与欧氏几何便得到了统一。只要欧氏几何无矛盾，罗氏几何也无矛盾。欧氏几何的无矛盾性又可用解析几何来解释，因为建立了坐标系之后，坐标平面上的点，与它的坐标有序实数对，建立了一一对应。这样，欧氏几何无矛盾性又与实数系的无矛盾性统一起来。戴德金把实数定义为有理数的分割，有理数的每个分割都决定一个实数，而有理数的无矛盾性与自然数的无矛盾性统一。但是，弗雷格与戴德金的自然数概念是用集合概念定义的。因此，最后统一到集合上来了。纯数学的几何学、代数学、分析学的共同理论基础就是集合论。

就数与形即代数学与几何学的关系来说，直到 16 世纪，人们一直将几何学作为数学的“正统”，几何学家就是数学家，认为代数从属于几何。16 世纪以后，代数学的研究才活跃起来。1637 年笛卡儿创立了解析几何学，将几何的点与坐标平面上的有序实数对对应起来，将平面曲线与二元方程对应起来，点即数对，曲线即方程，反之亦然。这样就把几何学与代数学统一起来，将形与数合二为一。于是，研究曲线、曲面等形的特征，可以通过研究它们的方程的性质来进行；研究函数、方程等数量的性质，可以通过它们的形的特征的研究进行。

就几何学来说，17 世纪以后，出现了各种各样的几何学。几何学的共同基础是什么呢？1872 年克莱因在德国爱尔兰根大学发表了被人们称为“爱尔兰根纲领”的讲演中指明了这个基础：变换群。指出几何学就是关于在变换群下的不变式的理论，不变式就是不变量与不变性。拓扑学就是关于拓扑变换群即一一对应且双方连续变换群下的不变式理论，比如橡皮在拉伸或挤压下的性质；射影几何学是关于射影变换群下的不变式理论，比如线性、共线性、交叉比、调和共轭性等；仿射几何学是仿射变换群下的不变式的理论，因为仿射变换群是射影变换群的子群，因此，它保持射影性质，同时又具有自己的不变性与不变量，比如平行性等；欧氏几何是刚体变换群下的不变式理论，刚体变换群又是仿射变换群的子群，它保持仿射性质，又有自己的欧氏性质：角度、面积不变等。索菲斯·李又证明了在刚体变换群下不仅有欧氏几何，还有罗氏几何和黎曼几何，而且只有这三种几何。这样，克莱因就用群的观点把各种几何统一起来了。欧氏几何中的二次曲线即圆、椭圆、抛物线、双曲线可以在生成上由圆锥面与平面相交的截线统一起来，它们的方程可以用极坐标统一表示出来，等等。

其次，数学的统一美表现在数学的统一结构上。数学模式的研究之一就是模式的结构。法国数学家小组布尔巴基学派于 1935 年提出用数学结构来统一数学。他们将数学结构分为三大类，称为“母结构”。一是代数结构，即由离散元素通过运算构成的结构系统，比如，群、环、域、代数系统、范畴、线性空间等；二是序结构，比如，全序集、半序集、良序集等；三是拓扑结构，比如，拓扑空间、连续集等。布尔巴基学派指出，各种数学的分支科学都具有以上三种母结构之一种或多种，或者它们的交叉结构，都可以统一到这三种母结构上来。比如，实直线是由实数组成的，如果在其上定义了“加”和“乘”两种运算，又定义了关系，那么，它具有代数结构的环结构，序结构中的全序结构，拓扑结构中的连续性结构，是这三种结构的结合、交叉。

再次，数学方法的统一。就数学发展来看，统一在“实践—理论—实践”的哲学方法，由感性到理性的辩证唯物论与唯物辩证方法上；就数学理论体系的建立来看，统一在机械化法与公理化法的结合上。《九章算术》是机械化法的光辉代表，《几何原本》则是公理化法的典范。如，中学的初等代数，总体上是机械化法，局部上是公理化法；中学的初等几何则是总体上的公理化法，局部上的机械化法。它们都是机械化法与公理化法的结合。即使数学问题的解决，在具体的策略方法水平上，也是这样，比如，证明策略可以统一在归纳推理证明（合情推理）与演绎推理证明的结合上，统一在直接证法与间接证法的结合上，统一在分析法与综合法的结合上，等等。

三、数学教学与审美教育

（一）普通学校的美育

依照马克思主义关于人的全面发展的学说，在社会主义时期，一方面要不断创造人的全面发展的社会物质条件，实现工业化和生产的商品化、社会化、现代化；另一方面，实行全面发展的教育，培养现代化建设需要的全面发展的人；用全面发展的人推进社会主义现代化建设，以进一步强化人的全面发展的社会物质条件。因此，进行德、智、体、美、劳等全面发展的教育是社会主义社会教育制度和教育方针的表征。

实行全面发展的教育制度和方针，对各级各类教育尤其是学校教育来说，同重视德育、智育、体育、劳动技术教育一样，也要重视美育。

美育是“审美教育”的简称，又称“艺术教育”。审美教育有广、狭两义。狭义的审美教育是专门艺术教育，旨在培养专门艺术工作者，在专门的艺术院校进行；广义的审美教育不是专门的艺术教育，旨在培养人的审美能力，提高人的综合素质，在普通学校进行。

普通学校的审美教育，其目标在于培养全面发展的人，主要通过艺术课程同时也通过其他课程进行。艺术课程又分作两类，一类是显性艺术课程，如普通的美术课、音乐课及高等院校的美术欣赏、音乐欣赏课等；另一类是隐性艺术课程的艺术实践活动，如校内外的文娱活动、歌唱比赛、书法比赛以及由学校组织的旅游观赏大自然、参加音乐会、参观美术作品展览等。普通学校的非艺术课程，如思想道德课程、智育课程、体育课程、劳动技术课程同艺术课程一样，主要担负各自的思想道德教育、智育、体育、劳动技术教育的任务，同时也有美育的因素，正像艺术课程主要担负审美教育同时也有其他各育的因素一样。正是在这个意义上称其为德育课程、智育课程等。

人的思想道德素质、身体素质、心理素质、科学素质、文化素质、审美素质、劳动技术素质等应当协调地发展，共同形成人的综合素质结构。某一方面的片面发展将破坏人的整体素质。在消灭了私有制后进行现代化建设尤其是知识经济的时代，这种片面发展与社会对人的发展的需要极不相适应。因此，各种各类课程不仅是为了进行相应的素质教育，更是为了人的全面素质的整体提高，这是当代重要的课程观和教学观。事实上，思想道德教育中无论是世界观的教育、政治教育还是品德教育等都有相应的知识为基础，都隐含着审美教育的因素，具有智育、美育的特征。智育类等课程亦有德育、体育、美育、劳动技术教育的内容。

（二）数学教学中的审美教育

数学教学的审美功能同其他智育课一样是隐含于智育教育中审美因素发挥的。一个是数学美的审美功能，一个是数学教学艺术的审美功能。

对于数学教学艺术而言，数学美是数学教学艺术的科学基础；但是对于数学教学而言，数学美本身又具有审美功能。这一审美功能在教学时同数学教学的智育功能同时存在，即在传授数学知识、训练数学智力技能、开发和提高智力的同时出现的审美情感、审美体验和审美享受。这种在智育的同时进行的审美教育不能单独存在，它依附于数学教学的智育功能。如前所述，虽然它具有依附性质，但是它可以强化数学教学的智育功能，因此又必须进行这种数学美的教育。

在数学教学中进行数学美的教育，重要的是教师要善于表现出数学美，展现出数学的统一美、协调美、对称美、简洁美、奇异美等数学美的各种样式，才能激发学生的审美情感。庞加莱的话我们前面引述过，“感觉数学的美，感觉数与形的调和，感觉几何学的优雅，这是所有的数学家都知道的真正的美感”。而教学的主体是学生不是数学家，正如斯托利亚尔指出的，“数学教学是数学活动的教学”，数学活动是用以“表示学生在学习数学的过程中的特定的思维活动”“习惯上只用它来表示数学家的活动，即数学科学中的第一个发现者的活动”。而“学生发现那些在科学上早已被发现的东西的时候，他是像第一位发现者那样去推理的。数学教育学的任务是形成和发展那些具有数学思维特点的智力活动结构，并且促进数学中的发现”。这并没有说数学家的思维与学生的学习一样，数学家是创造性思维，而学生则是再现性思维；而是说在智力结构上都是特定的数学思维。当一个儿童由两个集合中各取一个元素配上对子以后，指哪一个比这一个集合元素多的时候，他已经在进行虽为简单但确实是“特定的数学思维”了。斯托利亚尔说，“当学生进一步由具体东西的集合的运算发展到相应的基数的运算，而把具体东西的性质舍弃掉，这就是更高水平的数学活动了。发现数的运算规律，由具体的数里抽象出这些规律来，并用变量代替数，学生就进行了新的水平的数学活动。进而，当学生由一些规律推出另一些规律时，他就进行了更高一级的数学活动”。布鲁纳说得更直接，“智力活动到处都是一样的，无论在科学的前沿或是在二年级都一样”。因此，数学教师善于表现数学美、展现数学统一美及各种美的样式，来激发学生的审美感受归根到底是进行这种“特定数学思维活动”，就是建构各种数学量化模式的活动。

还有，要发挥数学美的审美功能的关键是能不能移情。什么是移情呢？移情是“当我们直接地带感情地把握感性观照对象的内容时，实际上是把与之类比的自己的感情，从自己的内部投射给对象，并且把它当作属于对象的东西来体验。这种独特的精神活动就叫移情”。当学生带感情地对待数学量化模式时，把自己的感情看作是数学量化模式本身的东西，使数学量化模式也似乎是具有感情色彩的东西了。这样就把自己的感情移到了数学量化模式了。比如，数学美的基本样式是数学的统一美，各数学分支有统一的基础、统一的结构、统一的方法等。至于数学统一美转化的各种美的样式如谐调、对称、简洁、奇异等也可以由学生自己的美感类比地移情。具体的数学模式，同样是移情而生美感。比如“直线给人以刚毅之感”是将刚毅的人的形象与直线的形象类比，将对刚毅之人的敬佩之情投射到直线上，使这种情感成了直线所具有的东西；“曲线给人以温柔之感”同样是将略有微波的水面与曲线的形象进行类比、移情的结果；平面图形的对称即轴对称与中心对称本身给人以视觉美感，而对称多项式的对称美也是借助于移情。至于精巧的证明、数学问题的妙解，则是更高层次的移情获得的审美情感。

数学教学的另一类审美教育则是数学教学艺术具有的审美功能为基础的教育。这是将数学教学活动由于技艺和专门艺术的手法成为审美观照对象而产生的美感、审美体验和审美享受的过程，这种审美教会对运用数学教学艺术进行智育来说，同样具有依附性，离不开智育活动，在智育的同时进行的审美教育。数学教学艺术有表演艺术、造型艺术的手法；教师的讲解有声乐艺术、曲艺艺术的手法；教师的板书有绘画艺术、书法艺术的手法等。这些教学艺术都是依附于数学智育目标的实现；离开了智育，片面追求数学教学美，片面讲究数学教学艺术，就没有任何意义。因此，我们的数学教学艺术围绕数学教学的智育进行，立足于数学教学论，遵循数学教学规律，遵守数学教学原则。

在逻辑上，数学教学美是将数学教学过程作为审美观照对象，将数学教学活动作为审美客体时产生的审美意识。但事实是，数学教学是师生共同进行的认知活动，它的主体是师生。那么，“客体”在哪儿呢？能够离开教师或离开学生吗？实际上，“数学教学作为审美观照对象”中的“对象”不是像在欣赏一幅名画，比如欣赏达·芬奇的“蒙娜丽莎”那样，把达·芬奇的画作为审美观照对象，欣赏者是审美主体。而数学教学艺术的审美观照对象是师生的共同活动，审美主体是师生自己，这是数学教学的审美功能与专门艺术的审美功能在审美关系中的不同之处。

四、数学美育

(一) 数学美育的概念

所谓数学美育是指在数学教育过程中，培养数学审美能力、审美情趣和审美理想的教育。数学美育又称之为数学审美教育，或称数学美感教育。即以数学美的内容、形式和力量去激发学生的激情，纯洁学生的智慧和心灵，规范学生的思维行为，美化学生的学习生活，培养和提高学生对数学美的理解、鉴赏、评价和创造的能力。

(二) 数学美育的作用

数学美育是一种数学文化教育，是在数学的学习过程中精神世界层次上的素质教育。它可以在进行数学教育的同时教育学生树立美的理想，发展美的品格，培养美的情操，激发学习活力，促进智力开发，培养创新能力。数学科学虽然是以抽象思维为主，但也离不开形象思维和审美意识。从人类数学思维系统的发展来看，数学的形象思维和审美意识是最早出现的，即抽象思维是在形象思维、审美意识的基础上发生和发展起来的。在数学教学中充分展示数学美的内容和形式，不仅可以深化学生对所学知识的理解和掌握，而且使学生在获得美的感受的同时，学习兴趣得到激发，思维品质得到培养，审美修养得到提高。在这里，我们主要讨论数学美的教育功能。

1. 提高学习兴趣

数学，由于它的抽象与严谨，常被学生看作枯燥乏味的学科敬而远之。因此，在数学教学中不断地激发学生的学习兴趣，坚定学好数学的信心是教学的一条重要原则，而要做到这一点，培养并不断提高学生的数学美感则是关键之一，把审美教育纳入数学教学，寓教于美，在美的享受中使心灵得到启迪，产生求知热情，形成学习的自觉性，这将是教学成功的最好基础。如概念的简洁性、统一性，命题的概括性、典型性，几何图形的对称性、和谐性，数学结构的完整性、协调性及数学创造中的新颖性、奇异性等，都是数学美的具体内容和形式。在教学中设计数学美的情景，引导学生走进美好情景，去审美、去享受、去探求，使他们在这些感受中明白其真谛，并激发求知欲和学习的兴趣，也在美的情感的陶冶中激发主体意识。例如对称性，是最能给人以美感的一种形式。

2. 促进学生思维发展

数学思维是人脑对客观事物的数量关系和空间形式的间接的和概括的认识。它是一种高级的神经生理活动，也是一种复杂的心理活动。数学思维的目的在于对事物的量和形等思维材料进行合理的加工改造，达到把握事物本质的数学联系，以便发现和解决实际问题，为人们的认识活动和生产活动服务。数学思维能力的强弱是与个体的智力发展水平密切相关的，思维能力是智力的核心，它在个体身上的表现就是思维品质。数学思维品质主要表现为广阔性、深刻性、灵活性、敏捷性、独创性和批判性等六个方面。

数学思维是形成数学美的重要基础，在数学教学中通过对数学美的追求，引导学生获得美感的同时，也可以培养学生的思维品质。经常地引导学生去追求数学美，就能不断地提高学生的思维水平。有人说："数学是思维的艺术体操。"很多人都有这样的体会，为解决一道有趣的或很有价值的数学题，探求它的解题思路，寻找解题方法的思维过程犹如欣赏一部"无声的交响乐曲"，而陶醉于它所具有的"主旋律"和"节奏感"的美韵之中。准确而奇妙的思想方法也常常使人感到难以言及的美的享受。因此在数学教学活动中，教师引导学生在五彩缤纷的数学宫殿里漫游，领略数学的美，使学生对数学产生强烈的情感，浓厚的兴趣和探讨的欲望，将美感渗透于数学教学的过程。这种审美心理活动能启迪和推动学生数学思维活动，触发智慧的美感，使学生的聪明才智得以充分发挥。

3. 使学生形成积极的情感态度

数学教学中的情感是指学生对数学学习所表现出的感情指向和情绪体验，是有兴趣、喜欢、兴奋、满意，还是讨厌、没兴趣、不高兴，这是学生学好数学的前提。数学教学中的态度是指一个人对待数学学习的倾向性，是积极的，还是消极的；是热情的，还是冷淡的，这是数学价值观的外在表现。数学情感态度需要培养，数学所蕴涵的深刻美需要数学工作者去挖掘、去推陈出新。

现代认知心理学认为，学习者始终是朝着认知和情感两方面做出反应的，主体对外界信息的反应不仅决定于主体的认知结构，也依赖于其心理结构，以及兴趣、性格、动机、情感、意志等相互作用，构成个体学习过程的心理环境，它是影响意识指向的直接环境。数学的教学过程是认知因素与情感因素相互交织的过程，这种交织导致一些人厌恶、害怕数学，而一些人喜欢、热爱数学甚至献身数学。调动学生去求美、审美、创美，促进积极稳定的情感态度的形成，应该成为数学教育的重要任务之一。以往的教学我们可能更多地关注数学学科知识，而较少关注学生在数学活动中的情感体验和精神世界。“一切为了学生成才”的办学宗旨就是为了促进每个学生的全面发展。我们的数学学科应关注知识与能力、过程与方法、情感态度与价值观三个维度，因此，在教学中充分发挥数学美的教育功能，不光强调让学生认识到什么，还要注重让学生感受到什么、体验到什么，使学生在学到知识的同时，也形成积极的情感态度。

4. 使学生形成高尚的数学价值观

价值观的本质就是人对事物的价值特性的主观反映，其客观目的在于识别和分析事物的价值特性，以引导和控制人对有限的价值资源进行合理分配，以实现其最大的增长率。数学价值观就是人们对数学的价值的主观反映。数学和其他科学、艺术一样，是人类共同的精神财富，数学是人类智慧的结晶。它表达了人类思维中生动活泼的意念，表达了人类对客观世界深入细致的思考，以及人类追求完美和谐的愿望。数学与其他科学一样，具有两种价值：物质价值和精神价值。数学是人类从事实践活动的必要工具，可以帮助人们了解自身和完善自身。数学是科学的工具，在人类文明的历史进程中，已充分显示出实用价值。

数学更是一种文化，是人类智慧的结晶，其价值已渗透到人类社会的每一个角落。数学本质的这种双重性决定了作为教育任务的数学其价值取向是多极的。数学教育的任务，不仅是知识传授、能力的培养，而且也是文化的熏陶、素质的培养。数学教育的价值体现在通过数学思想和精神提升人的精神生活，培养既有健全的人格，又有生产技能，既有明确生活目标、高尚审美情趣，又能创造、懂得生活的乐趣的人。

因此，通过对数学美的鉴赏和创造可以培养学生高尚的审美情趣，形成高尚的数学价值观。高等教学中的数学价值观就是要让学生在学习数学知识和应用数学方法时形成正确的数学意识和数学观念。数学观念与数学意识是指主体自动地、自觉地或自动化地从数学的角度观察分析现实问题，并用数学知识解释或解决的一种精神状态。数学绝不是一堆枯燥的公式，每个公式都包含了一种美，这种美既体现了人的理性自由创造，又是大自然本质的反映。通过教师的引导，使学生认识到数学美，能使学生形成正确的数学意识和数学观念，从而形成高尚的数学价值观。

5．培养学生的创造能力

首先，对数学美感的追求是人们进行数学创造的动力来源之一。美的信息隐藏于数学知识中，随着信息的大量积累、分解和组合，达到一定程度时就会产生飞跃，出现顿悟或产生灵感，产生新的结论和思想。所以对美的不断追求促使人们不断地创造。

其次，数学美感是数学创造能力的一个有机组成部分。创造能力更多地表现为对已有成果是否满足，希望由已知推向未知，由复杂化为简单，将分散予以统一，这些都需要用美感去组合。

最后，数学美的方法也是数学创造的一种有效方法。数学美学方法的特点有：直觉性，情感性，选择性及评价性。直觉是创造的开端，情感是创造的支持，选择是创造的指路灯，评价是创造的鉴定者。审美在数学创造中的作用，逻辑思维以及形象、灵感思维代替不了，在数学活动中应以美的感受去激励学生创造灵感。

事实上，许多数学家都是这样进行自己的研究工作的，数学美感对数学创造有很强的激励作用。这是因为不但数学美感对数学家来说是一种特殊的精神享受，鼓舞着他们去寻找数学中美的因素，而且还因为数学美本身就是一种创造对象，如前所述数学的奇异美其实质就是突破传统的稳定去发现新的数学事实。因此，在教学中引导学生去追求数学美必然能引发他们的创造精神。在教学中，教师应充分展示教材的数学美，使学生受到美的熏陶，同时激发他们的创新意识，培养他们的创新能力。

第二节　高等数学教学在心理学上的应用

一、学习动机和审美情趣

学习动机是学习者学习活动的动因、推动力，是使学习者的学习活动得以进行的心理倾向，它是进行学习的必要条件，没有学习动机，学习就失去了动力，再好的教学也难以发挥其有效性。教学活动说到底是学习活动，因而，教育心理研究虽然对学习过程的认识多种多样，但现代教育心理学对于学习动机的重要性以及对学习动机的认识基本上是一致的。

动机产生于需要，良好的动机不产生于那种不可能满足或难以满足的需要，也不产生于唾手可得的需要，前者因为其可望而不可即而令人灰心，后者因为太简单而易于满足。灰心感和满足感不能产生良好的动机，不可能使学习活动持续下去，最佳的动机往往是“刚好不致灰心失望的那种窘迫感”。产生动机的需要有多种，学习动机也相应地有多种。主要有内在动机和外加动机两种。如果学习是为了满足学习者本身的需要而去解除窘迫感，那就是内在动机；如果学习是为了满足学习者以外的需要，为了解除外在压力，那就是外加动机。显然，依据外因是条件、内因是根据的原理，内在动机是学习的根据，当然比外加动机重要。这样说并不否认外加动机的重要性，因为如果学习者暂时还没有形成内在动机即没有学习的需要时，运用一定压力形成外加动机成为学习的条件。而且，正如外因在一定条件下可以转化成内因那样，只要创造一定条件，外加动机可以转化为内在动机。

由于学习者自身可以有各种需要，因而内在动机也有不同种类。一种是因生理需要而产生的动机，叫作内驱力，如饥饿、病痛等需要产生的；一种是因心理需要而产生的动机，叫作内动力，如交往的需要，兴趣、情感、理想、成就感等而产生的。显然，内驱力与内动力虽然都是内在动机，但是内动力比内驱力更持久、更稳定。因为，一旦生理需要被满足，便失去了动机；而且，如果说动物有学习的内在动机的话，也都是这种内驱力，因而是低层次的动机。

在内动力中，兴趣和成就感来的更重要。这是因为，虽然欲望和理想对于学习的进行可能更持久、更稳定，但是欲望来自兴趣，理想有待于成功去强化，对于青少年来说更是这样。如果将兴趣和成就感相比较，兴趣更原始一些。因此，教育心理学家一致认为，兴趣是追求目标的原始动机，在动机中处于中心地位，是动机中最活跃的成分。

兴趣有一般兴趣、乐趣、志趣三个不同发展阶段。一般兴趣是由某种情境引起的、参与探究某种事物或进行某种活动产生的一种心理倾向。兴趣被激发并得到巩固之后，便上升为乐趣。乐趣是具有愉悦的情绪体验的兴趣。乐趣进一步发展，对所参与的事物和活动有了认识，尤其是对其社会意义有了明确认识以后，就成为主体意识的一部分而向意识内化了，这就是志趣。一般兴趣只是一种认识倾向，乐趣则带有情感的心理倾向，而志趣却是自觉的心理倾向。

审美趣味是一种审美能力，是对美的判断力。人对某事物或活动的兴趣是对该事物或活动的审美价值有所断定，能够在探究该事物或参与该活动中产生一种愉悦情感，形成审美体验。教育心理学认为，兴趣在审美活动中的培养、引导先天素质的改变，有这样几种情况：他人的感化、自己的思考、习惯的养成、训练。在教师、父母、同学不断进行的活动中，由于从众心理的作用，别人感兴趣的事物或活动，他自己也会感兴趣，这就是“他人的感化”。在世界观的作用与他人的影响下，由于意识的反作用，不感兴趣的事物或活动往往促使他去思考其中的原因。经过思考会发现其价值，也就产生了兴趣。这就使自己的思考培养了兴趣。本来，在兴趣与习惯之间，只有有兴趣才能去形成习惯；但是，反过来，由于某种原因而习惯去做，往反复做的过程中也会产生兴趣，这就是习惯产生兴趣。训练培养兴趣同习惯培养兴趣一样，不同的是训练是“外加”的，是在他人迫使其进行训练的过程不断提高了兴趣；而习惯培养未必是外加的。数学教学艺术使数学和教学成为学生的审美活动，提高审美趣味，它在改变和培养学生学习数学的兴趣方面具有直接的效果，无论他人的感化还是其他情况都是这样。正如苏霍姆林斯基所说，儿童“学习的源泉就在于儿童脑力劳动的特点本身，在于思维的感情色彩，在于智力感受。如果这个源泉消失了，无论什么也不能使孩子拿起书本来”。对数学教学来讲，数学教学艺术正是使其具有“感情色彩”和“智力感受”的最佳途径。

二、行为主义学习理论与强化教学艺术

（一）行为主义心理学对学习的看法

由桑代克、华生等开创而后由斯金纳等发展了的行为主义心理学派，虽然它们之间对学习过程的具体说法有不少的差异，但是大体上有着相当一致的看法。

桑代克等认为，学习是学习者在学习情境下接受的刺激与引起的反应之间的联结，

学习的过程是“试误”的过程，称其学习理论为联结主义。刺激用S表示，反应用R表示，学习就是这种S—R之间的联结。桑代克做过著名的“猫开笼”实验。把猫关在笼子里，外面放着食物，如果猫砸开关门的闩、环等，便可打开门进食。1898年在他所写的博士论文《动物智慧：动物联想过程的实验研究》中写道：“被放在笼里的猫显示不安和逃脱拘留的冲动，它试图从任何空隙挤出来；它抓和咬木条或铁丝；它从任何空挡伸出爪子；抓一切可以抓到的东西；它一旦遇到松动不牢的东西，就持续抓咬。”当碰到门闩或门环等开关时，就能把门打开。以后，“所有其他导致失败动作的冲动将逐渐（也就是在若干次尝试的过程中）消失，而导致成功动作的特殊冲动因愉快的效果而逐渐牢固。经过多次尝试，最后，猫一放进笼里，就立即会以一定的方式抓闩或环来打开笼门”。猫在被笼关起来，没有食物吃这一情境刺激（S）之下，引起的开门这一反应（R），它们之间的联结是经过多少次乱抓乱咬的尝试，逐渐去掉错误的动作，改正错误的过程。因此，学习过程就是情境刺激（S）与反应（R）之间的联结，就是“尝试和改正错误”的过程，即“试误”过程。人的学习与动物一样，只是人的试误有着有意识的分析与选择，而动物则是无意识的罢了。

据此，桑代克提出了以练习律与效果律为主要内容的学习规律。练习律认为，学习要经过反复的练习；情境刺激与反应形成的联结，如果再加以练习或使用，则联结会加强；否则就会减弱。以猫开笼为例，如果反复加以练习，猫开笼的试误时间会越来越短；如果在猫开笼较快以后长时间不练习，猫开笼又须重新试误，费时间就长了。效果律认为，当情境刺激与反应之间联结建立的同时或随后，得到满意的结果，这个联结就会加强；联结建立的同时或随后，得到不满意的结果，这个联结就会减弱。以猫开笼为例，打开笼后若有食物，则以后开起来会快；打开笼后若不仅没有食物还会挨揍，则以后可能开得慢或不去开它。斯金纳的实验设备叫“斯金纳箱”，他简化了桑代克实验中许多无关的反应，用小白鼠做实验，只让小白鼠接触到杠杆时做出压杠杆这一种反应，而且也去掉了许多无关的刺激，只要小白鼠压了杠杆便可有食物丸从箱子的孔中掉进来。将饥饿的小白鼠放进箱子里，它到处爬，偶然的机会爬上了横杆，将杠杆压下来食物丸就从洞里掉了下来。它吃了以后还爬，再次爬上横杆压下杠杆时食物丸又掉下来，小白鼠又吃了，几次尝到甜头以后，小白鼠逐渐减少了多余的动作，“学会”了直接压杆取食的操作技能，斯金纳将这个学习叫做“操作性条件反射”的学习。

操作性条件反射与巴甫洛夫的条件反射不同，巴甫洛夫的条件反射被称为“经典性条件反射”。前面说过，经典性条件反射是动物已经知道情境的刺激，先有刺激S（铃声），后有反应R（分泌唾液），是S—R；研究的是大脑的神经活动。而操作性条件反射是动物不知道情境的刺激，小白鼠并不知道爬到哪里会有食物丸，是先做出反应R（压杠杆），后出现刺激S（掉下食物丸），是R—S；研究的是动物外部显现的行为。

斯金纳把对动物实验的结果引申到人类的学习即操作性条件反射的学习，提出强化学习理论。实际上，桑代克联结主义学习理论和华生的行为主义学习理论已经有强化的思想，但是是以练习律和效果律的形式提出来的。桑代克后期主张把练习律与效果律结合起来，认为情境刺激与反应形成的联结，经过练习后，得到满足的结果，这个联结便会得到加强。斯金纳认为，如果在操作性活动（小白鼠压杠杆）发生后呈现了强化刺激物（食物丸掉下来）就能强化同一类操作性活动（小白鼠再次压杠杆）这一反应出现的概率。这是学习的规律，而且可以被用到人类的学习上来。这就是强化理论。他说，“只要我们安排好一种被称为强化的、特殊形式的后果，我们的技术就会容许我们几乎随意地去塑造一个有机体的行为”。而且认为最有效的强化是把行为模式分成许多小单位，对每个单位保持强化，为了使任何方面都变成学习者所能够胜任的，必须把整个过程分成非常多的很小的步骤，并且强化必须视每个步骤的完成情况而定……通过使每个连续的步骤尽可能地小，就能够使强化的次数提高到最大限度，同时，把犯错误可能引起的令人反感的结果减少到最小限度。这就是他据此提出的“程度教学”的基本含义。

行为主义学习理论是从对动物的研究引申到人类学习的，将人类的一切学习归结为情境刺激与反应的联结或行为的改变，因而有机械唯物论的倾向；把行为模式分成许多小单位，只重视局部轻视整体的学习不仅不合乎格式塔学习理论，而且也不科学。但是，行为主义重视情境刺激和学习者反应的关系，以及相应的强化理论，对学习及教学都有着重要的意义。

（二）强化教学艺术

无论是桑代克的练习律与效果律还是斯金纳的强化理论，都将有效的学习看作强化的过程。在数学教学中应当以此为理论基础，讲究强化的艺术。

强化一般有外强化与内强化两种。外强化是在学习者出现所要求的反应或行为以后，教师等他人给予的肯定、赞赏或奖励。这种外部的强化可能是满足学习者物质上的要求，也可能是满足其心理上的要求。内部强化是学习者出现所要求的反应或行为后，自己体验到的一种愉悦感、成功感等。这种强化主要是满足自身心理上的要求。学生做对了题受到老师的表扬、家长的夸赞，是外部强化；学生作题的答案正确或经过钻研，运用了很多技巧终于找到了解题的妙法，自身有一种愉快的体验，是内部强化。外部强化与内部强化都使学生的学习得以持续下去。

行为主义的强化理论立论于增强学习效果或提高反应、行为出现的概率，立足于加强学习动机和提高学习效果这两个互为因果的方面。

从加强学习动机的方面说，内在动机或内动力优于外加动机，在数学教学时教师应引导学生尽量将外部强化转化成为内部强化。这是因为内部强化是对自身学习获得满意效果时的一种愉悦的体验，是对自己学习成果的积极评价，能够强化内动力。外部强化转化成内部强化时，外部的肯定、赞赏和奖励转化成自身的体验，也在强化内动力。学生在做数学题时往往愿意问老师“我做的对不对?”教师回答说“对!”学生就认为自己完成任务了；如果教师反问他：“你自己看看对不对?”当他自己重新检查一遍认为没有错误，教师再告诉他：“不仅对而且这样检查一遍很好”，便是引导学生向内部强化转化。对于青少年学生，尤其要引导他们实现这种转化。在课堂提问中，不仅要求正确的答案，而且要求比较各种解答、做法的差别，鉴别出简捷、巧妙的解法，启发他们在选优的过程中体验出数学美，培养美的情感。不仅要求“对”而且要求“好”，把外部强化转化成内部强化。

从提高学习效果说，通过练习和强化，巩固知识，提高运用知识的准确性和敏捷性，熟练技能技巧，从而培养学生的能力和个性品质。在进行练习时，教师要把握重复练习题的数量恰好是学生能够掌握知识技能而开始感到厌烦的时候。重要的是练习内容，练习的内容应当是基础知识，即那些基本概念、基本公式、定理和基本的数学方法。至于数学能力，主要是通过需要相应能力的数学问题来体现。

练习作为强化的手段在我国有极大影响，“题海战术”就是这种思想。早在 20 世纪 30 年代，桑代克本人也认为练习律应与效果律结合，练习不应当是简单重复。实践也证明，练习的数量并非学习质量的决定性因素。通过简单的重复直到计算技能几乎变成了机械的计算，这样的方式正让路于把数作为某个集合的数量多少的特性来发现。因此，为了减少机械练习的盲目性，应当引导学生逐渐明确练习的目的，而且使学生将正确的范例留在意识中，注意练习的时间分配，讲究短时的分散练习，避免因时间集中练习可能带来的疲劳、厌烦和注意力降低。根据遗忘曲线，在最初，遗忘的速度较快，因而练习时机的选择一般应在新知识、技能学习不久。此后，还要结合进一步的学习及时练习。在练习时，由于人们在单纯刺激下神经细胞的反应易于钝化，所以练习不应是简单的重复，要变换练习的内容、形式和方法，使学生，尤其是儿童，不断获得练习的兴趣。

第三节　高等数学教学在社会学上的应用

一、数学教学与学生的社会化

（一）数学教学的社会化功能

教育社会学将“个人接受其所属社会的文化和规范，变成社会的有效成员，并形成独特自我的过程”称为社会化。教育与社会化之间的关系是“社会化是一般性的非正式的教育过程，而教育乃是特殊性的有计划的社会化过程”。在今天看来，现今社会的有效成员不仅要接受社会文化和社会规范，而且还要突破某种文化和规范的限制进行创造性的思维和实践。

教学，作为学校教育的主要方式，当然也具有这种社会化功能，它是一种特殊的、有计划的社会化过程。通过教学，使学生接受社会文化和社会规范，并进行创造性的思维和实践，同时形成自己的个性数学教学，如第一章所述，是以数学为认知客体的教学。它也具有一般教学所具有的社会化功能。不过，这一社会化的特点是：学生接受的是数学科学、数学技术和数学文化，以及相应的规范。

社会化过程是有条件的。一个人的社会化进程取决于这个人的个体状况、他所处的环境状况以及个体与环境的交互作用的状况，个体身心发展状况是个人社会化的基础；环境对个人社会化进程以巨大的影响，其中，给人以最大影响的社会文化单位是家庭、同辈团体、学校和大众媒体。

从学校教育的社会化功能这一角度来说，数学教学既是一种科学教育，也是一种技术教育，同时还是一种文化教育。

（二）社会化的机制—认同与模仿

儿童的社会化有各种机制，主要的是认同作用与模仿作用。在社会生活中，儿童通过观察成人或同辈人的行为，有着一种重复他人行为的倾向，如果这种重复是无意采取的，便是认同作用；如果这种重复是有意再现的，便是模仿作用。

在学校情境下，儿童的范型往往是教师。数学教师本身的形象和气质以及他所呈现的教学方式对儿童的行为有着决定性的意义，数学教师主要在课堂教学过程中展现他的形象与气质，如果他的外部形象整洁、精神、落落大方，对待学生和蔼可亲、要求严格而合理，言谈举止很有风度，那么作为范型，便能够补偿学生自身特质的不足，使学生产生认同作用，无意地采取教师的行为方式；或者产生模仿作用，有意地再现教师的行为方式；反过来，如果教师的外部形象不整洁、精神萎靡，对待学生声色俱厉、要求不严格或虽严但不合理，言谈举止毫无风度可言，那么他作为范型，使学生产生认同或模仿，有意无意地重复不合乎社会期望的行为方式；或者使学生将其与正面对象比较，产生范型混乱，不利于学生的社会化。如果数学教学过程只是作为数学科学的教学，或只追求教学的科学性，不突出数学的美，不注意数学教学的技艺或艺术创造，数学教学所呈现的方式不具有形象性或艺术性，那么这种教学方式不能使学生产生美感，便不易引发学生对教学方式的认同或模仿。

因此，把数学及其教学作为审美对象的数学教学艺术，有利于树立正面的范型，使学生产生认同或模仿，易于在传播数学知识的同时，使学生接受社会认可的行为、观念和态度，起到社会化的作用。

二、数学教师的社会行为问题

教育的社会化功能主要是指学生的社会化，但是学生的社会化要求教师的社会化。教师的社会化归结为个人成为社会的有效教师即合格教师的这一关键问题上来。教师社会化的过程一般分为准备、职前培养和在职继续培训三个阶段。准备阶段是普通教育阶段，对教师的社会形象有个初步了解。职前培养通常在师范院校或大学的教育专业进行，这是教师社会化最集中的阶段。在这个阶段，教师知识技能、职业训练以及教师的社会角色和品质，通过教育习得。在职培训是在做教学工作的同时继续社会化，是臻于完善的时期。

(一) 与学生沟通的艺术

教学是一种特殊的认知活动，师生双边活动是这种认知活动的特殊性的表现之一。数学教学活动顺利进行的起点是数学教师与学生相沟通，因此，讲究与学生沟通的艺术是数学教学艺术对教师社会行为的首要要求。

沟通的基本目的是了解，毫无了解必难以沟通。因此，应当在对学生有个基本了解的情况下来沟通。在学生入学或新任几个班的数学课时，通过登记簿、情况介绍等了解学生的自然情况、学习情况、身体情况、思想状况，尤其是学生的突出特点、个人爱好，做到心中有数。这种了解是间接了解，在学生跟教师第一次个别接触时就使他认为教师已经了解了他的基本情况，比通过直接接触才了解要好得多。如果第一堂课便能叫出全班学生的名字，学生便会产生一种亲切感。反过来，如果第一堂课只能叫出数学成绩不好的一两个学生名，效果可能正好相反。如果第一次个别接触时对一个表现较差的学生说“你在小学四年级参加过航模比赛”，那就意味着你看重他的钻研精神；对一个学习好的学生说，“你的学习成绩一直很好”，就意味着满意他的学习；对一个好动的学生说，“你最近听课精神挺集中的”，这说明赞赏他最近的课堂表现；

等等。

师生沟通如果是“问答式”，那么学生会处于“被询问者”的被动局面，情感的交流便不会充分。而“交谈式”则不同。教师对学生具有双重角色：既是“师”，作为学生认同或模仿的模式；又是“友”，作为学生平等合作的伙伴。“师”的角色是显然的，在沟通中学生明显地知道这一点；而“友”的角色却是隐蔽的，只有在沟通中使学生具有平等感，学生才能逐步认可。交谈式的沟通，师生相互谈自己的情况，共同捕捉感兴趣的共同点，在了解学生的同时，学生对教师也有所了解，才能建立一种师生间的伙伴关系。除了交谈式沟通之外，更好的是师生在共同活动中的合作。在合作的教学活动中，减少学生对教师的依赖，增加自律感。要避免共同活动中教师的命令，允许学生以自己的方式行事，这样的合作是平等的沟通。

教师在教学情境中尽量避免伤害学生的感情。如果学生做错了题，不能表现出蔑视的眼神或动作，而应当用友好的表情暗示他做错了；也可以用手指着他错的地方说，“你再仔细看看”。如果学生听课时在做别的事，应当避免在课堂上单独指出，可以泛指，眼睛别盯着他，让大家注意听讲；也可以课后单独友好地询问，问他为什么上课时不注意听讲。一定要指出学生的错误，也尽量不用指责的语言，而用中性的语言，比如“可能学习基础不好”之类。

（二）赞赏与批评的艺术

赞赏与批评是特殊的沟通，它们是通过教师对学生行为的评价来进行的沟通。赞赏是教师对学生的良好思想、行为给予好评和赞美，批评则是对受教育者的思想行为进行否定性评价。

赞赏的恰当与否对沟通会起到不同的作用，恰当的赞赏起着积极作用，不恰当的赞赏起着消极作用。恰当的赞赏是肯定学生的合乎社会规范的行为，但不涉及学生的个性品质；不恰当的赞赏是肯定不应当肯定的行为或虽应肯定但同时涉及了学生的个性品质。如果一个学生创造性地解决了一个数学问题，教师说“你这个方法真巧妙，很好”，就是恰当的赞赏；如果说“你这个方法真巧妙，你真是个好学生”，那就涉及了个性品质。后一种赞赏在肯定学生行为的同时也做出了“好学生”的评价；那么，没有想出这个巧妙方法的学生就成了“坏学生”了。即使是对这本人来说，将“巧妙的方法”与“好学生”等同起来也是不对的。对不应当肯定的行为进行赞赏，其消极作用是不言而喻的。赞赏的这个区别在于“对事不对人”。具有这种赞赏艺术修养的是对学生行为客观、公正的态度。一般说来，学生虽未成年，但也有憎爱情感和矛盾感。因此，赞赏的根据是“事”，而不是做出此事的“人”，这是对事的赞赏，就不必涉及个人的品质，对待个人品质的评价必须谨慎。教师对学生在接近程度上有远近，有的可能喜欢些，有的一般，另一些可能较厌烦。可是在赞赏时切不可从这种感情出发。事实上，第一，教师情感的主观印象未必可靠，而且学生是发展变化的，将学生分为三等的做法本身就不正确。第二，在这一方面，可能这些学生表现好些；在另一方面，可能那些学生表现好些。只有对事不对人，不涉及学生的个人品质，避免成见，实事求是，赞赏才能起到积极的作用。否则，表扬了一个人，疏远了一大片。

与赞赏相反的是批评，批评是对学生思想或行为的否定性评价。同样地，批评的恰当与否对沟通也会起到不同的作用。批评更不要涉及个人品质。如果某学生做不出而其他学生都会做的题，一般不能批评而是说："你看看是什么原因不会做？是题目没懂还是刚才没听明白？"如果是没有认真听讲，就说："请上课时集中精神"，或批评他"没用心听课怎么能会呢？"不应当批评说"你这个学生连这道题都做不出来，真笨！"不合适地批评会使他产生逆反心理，拉大了与教师的距离。与赞赏相比，批评更加不能用"一贯"或"最"之类的评价。不能因为一次考试打小抄而批评说"你这个孩子最坏"；也不能因为学生多次不完成作业而说"你一向不完成作业"。同样地，批评也要具体，尽量避免笼统的批评。

（三）课堂管理的艺术

课堂管理是顺利进行教学活动的前提。它的目的是及时处理课堂内发生的各种事件，保证教学秩序，把学生的活动引向认知活动上来。

课堂管理有两种不同的手段，一种是运用疏导的手段进行管理，一种是采用威胁和惩罚的手段进行管理。前者是常规管理，后者则是非常规的。有效的管理是常规管理，非常规管理往往因为学生的消极或对立而无效，至多被暂时压制下去。

疏导的手段有两种控制力量在起作用，一种是学生自我约束的内在控制，另一种是课堂纪律的外在控制。学生的自我约束是在明确了学习目标、为完成学习任务而进行的自我调节活动，把自己的行为控制在有利于完成学习任务的范围以内；课堂纪律则是从反面对影响学习活动的行为的限制。教师的疏导就是将不利于学习的行为引导到有利于学习的行为，把纪律的合理性与学生的自我约束统一起来。这样，既保证了教学秩序，又化解了学生的消极或对立。强调课堂纪律是为了保证教学秩序，不是为了纪律而纪律。常规管理的根本目的是发展学生的自我约束能力，只有将纪律转化为学生的自我控制力，把"他律"转化为"自律"，管理才能有效。

在处理课堂纪律和学生自我控制能力的关系上，要讲究教育方式和主动方式。教育方式就是不去正面指出某学生违反了纪律，而是通过另一些学生克服困难遵守了纪律来教育他们，如一个学生因晚起床而迟到，另一个学生家很远却按时到校，那么不必当面批评前者，而应表扬后者，这就是教育方式。有些学生不耐心听讲，只要他没有影响教学秩序，就不应当过多地指责他们，而应当通过教师生动的讲课来吸引他们的注意力，主动地承担起保证教学秩序的责任，这就是主动方式。

常规管理的疏导有说教、批评和制止三种形式。有人认为说教是婆婆妈妈，往往不起作用。实际上，说教的要点是利害分析，从违反课堂纪律能够得到的效果入手进行恰如其分的分析，使其明了危害。这样的说教不仅不能取消而且要提倡。在进行说教时需要注意以下几点：第一，不能反反复复就那么几句话，而应"见好就收"；第二，不能空洞，泛泛而论，小题大做，而应实事求是；第三，疏导不等于不批评，但要抓住典型事例，进行善意的批评，对一般的有碍课堂秩序的行为或暂时不明了的事件，只需制止或课后处理。正确运用这三种形式，哪些要说教、哪些要批评、哪些要制止，要看事情的性质、轻重以及发生的条件，而且目的是维护教学秩序，有利于数学教学活动，不是为了管理而管理。

教师要善于管理，其基点是尊重学生。有些学生在课堂上的行为，一般来说总有他的"道理""因为听不见老师说的话，我才问同学"，结果询问变成了讲话，声音大了影响了课堂教学；"因为老师讲的好像不对，我才翻书"，结果没听到老师讲的内容，提问我不会答；“因为他把我的椅子碰歪了我坐在地上，我生气就打了他”“因为他借我的书总不还我，我才拿了他的笔，他要我不给被您看见了”；等等。

对于课堂内的偶发事件，教师往往容易冲动。内心的冲动使心理不再平衡。这时要谨记，保持冷静才能实行常规管理。

数学教学给数学教师的社会行为提出了很高的要求，正如一位教师所说，“我早已晓得儿童的需要，并且记得一清二楚，儿童需要我们接纳、尊重、喜欢和信任他；需要我们鼓励、支持和逗他玩；使他会探询、实验和获得成就。天啊！他需要的太多了，而我欠缺的是所罗门王的智慧、弗洛伊德的眼光、爱因斯坦的学识和南丁格尔的奉献精神”。

三、师生关系

（一）教师要善于组织班级

教师面对的学生首先是学生的班级与各种同辈团体，其次才是学生个人。班级与同辈团体不同，班级是学校的正式组织，而同辈团体则是非正式的。处理好师生之间的人际关系首先要处理好教师与学生班级间的关系。

教育社会学认为，班级是由班主任（或辅导员）、专业教师和学生组成的，通过师生相互作用的过程实现某种功能，以达到教育、教学目标的一种社会体系。这种社会体系有些什么功能呢？美国的帕森斯认为有社会化功能和选择功能；有人提出还有保护功能，我国有人提出还有个性化功能。社会化是指培养学生服从于社会的共同价值体系、在社会中尽他一定的角色义务等责任感，发展学生日后充当一定社会角色所需的知识技能并符合他人期望的能力。选择功能是指根据社会需要在社会上找到他所选择的位置以及社会对人的选择。保护功能是指对学生的照顾与服务。个性化功能是指发展学生个体的个性生理心理特征。

数学教师与学生班级之间是通过数学教学活动相互作用构成一个整体的，是通过数学知识、技能的传递培养学生充当一定社会角色的能力，为学生适应社会选择以及发展个性生理心理特征相互作用的。熟练的数学教学技艺和创造性的数学教学，不仅生动形象地传递数学知识与技能，而且表现了数学美和数学教学美，使数学教学具有感情色彩，给学生适应社会选择创造必备的条件。对一般学生而言，数学教学艺术能够培养学生学习数学的兴趣，以形式化、逻辑化的数学材料完善其认知结构；对于特别爱好数学的学生而言，数学教学艺术能够提高他们的形式化、逻辑化思维水平，促进其心理发展；反过来，必要的认知结构也符合社会共同的价值体系，在普及义务教育的条件下更是这样，较高的形式化、逻辑化的思维水平也便于进行社会选择，因此，数学教学艺术有利于发挥班级作为社会体系的功能。

教育社会学还认为，影响班级社会体系内部行为的有各种因素。盖泽尔和赛伦认为主要有两个：一个是体现社会文化的制度因素，另一个是体现个体素质与需要的个人因素。因此，教学情境中班级行为的变化相应地有两条途径：一条是人格的社会化，使个性倾向与社会需要相一致；另一条是社会角色的个性化，使社会需要与学生个性特点、能力发展等相结合。这两条途径的协调，取决于教师的“组织方式”，即教师在组织班级活动时的组织方式。他们认为，有三种方式可供选择：第一，“注重团体规范的方式”，把重点放在制度、角色期望方面即人格的社会化，不重视学生个人素质与需要；第二，“注重个人情意的方式”，把重点放在个人的期望与需要方面即社会角色的个性上，引导学生去寻找与其最有关的东西；第三，“强调动态权衡的方式”，既注重社会化又注重个性化两方面，在两方面的相互作用中寻求平衡，数学教学组织班级的数学教学活动，应当采取第三种方式，既要有统一的教学目标的要求，又要从每一个学生的实际出发。这就要求数学教师对教学大纲中规定的目标有一个正确的认识，把每一科的各单元以至各节课的教学目标转化为适应各种要求的数学问题。“问题是数学的心脏”，以问题带目标，以目标体现社会化要求。同时，问题及目标应当合理，合于班级学生的认知水平，才能为学生全体所接受。另一方面，每一个学生都要认同教学目标，将这些教学目标变成数学学习需要的一部分。

教育社会学还提出教学中教师与班级学生间互相作用的交互模式。艾雪黎、柯亨、斯拉特等人认为，师生班级教学有三种模式：教师中心、学生中心和知识中心。第一种，教师中心模式以教师的教学为师生的主要活动，教师代表社会，以教师把握的社会要求、制度化的社会期望来直接影响学生，为了达到目标而达到目标，学生被动活动、这种交互模式易于出现教师专横，学生消极甚至反抗的情况。第二种，学生中心模式，教师从学生的素质和需要出发组织教学活动，教师处于辅导地位，以学生的学习动机来控制学生，采取民主参与的方式，教学目标是为了学生的发展。这种交互模式有利于发挥学生的积极性，但易于与社会目标相背离。第三种，知识中心模式，强调系统知识的重要性。师生教学是手段而非目的，目的是掌握所需要的知识。

数学教学既要传授知识，又要发展学生的智能，还要起到教师的主导作用。数学教学艺术要求协调教师、学生、知识之间的关系，发挥三者各自的长处，克服其弊端。

（二）教师要正确引导学生的同辈团体

在学校中，学生个体除了受到教师等成人环境的影响以外，还要受到同辈环境的影响。同辈团体是指在学生中地位大体相同，抱负基本一致，年龄相近，而彼此交往密切的小群体。学校中学生的同辈团体虽然不是正式的社会组织，没有明令法规和赋予的权利、义务；但是学生在同辈团体环境中地位平等，又有自己的行为规范特征和价值标准，因而有相对于社会文化的亚文化。但这种亚文化不像校风、班风那样的亚文化，它有时与学校的主流文化一致，有时相悖。比如学校赞成的是学习好、参加活动积极、原则性强的学生；而学生则更多地从个人价值意义的角度看待别人的行为，往往重视学习以外的价值。有关研究表明，学生同辈团体的亚文化都偏重于非学术价值，男学生往往重视体育运动，女学生往往重视人缘，学习成绩反而不重要。

数学教师往往对数学学习成绩低下的学生同辈团体采取冷漠态度，这只会加深这样的同辈团体与数学的阻隔；而对数学感兴趣的学生一般并不形成同辈团体，也很少在不同同辈团体中有较大的影响力。因而数学学习好一般不能成为学生同辈团体的价值标准。在基础教育尤其是义务教育中，数学学习与学生同辈团体的这种相悖的状况不利于数学教学。

数学教师应当在教学情境及学校活动中正确引导学生的同辈团体，巧妙地施加影响于他们，正确发挥同辈团体的功能，引导其向有利于数学教学的方向发展。主要有这样几个方面：第一，虽然同辈团体的亚文化有时与社会行为规范和价值标准相背离，但是它依然能够反映出成人社会的特征。学生可以通过同辈团体学习成人的伦理价值，诸如竞争、协作、诚实、责任感等标准。所以，只要数学教师对他们不采取敌对态度，友善地对待他们，就可以巧妙地加以利用。比如，数学基础较差的学生，如果受某个同辈团体的影响较大，那么教师就可以鼓励该团体中另外一些基础较好的学生对他进行帮助，这就是发挥同辈团体中的协作精神，利用他们的责任感、第二，同辈团体具有协助社会流动的功能。学生来自不同的家庭，例如工人、农民、干部、知识分子等家庭，而学生同辈团体可以因各种原因而接纳不同家庭背景的学生。这样，同辈团体有助于改变家庭的影响与社会地位。前面说过，对数学感兴趣的学生一般并不形成同辈团体，但不是说一定不能形成这样的团体。事实证明，我国广泛组织起的“数学课外小组”或类似的学习小组，能够在其他同辈团体之外建立起来。不过，多数取决于数学教师的努力。数学教师在与学生相互沟通的基础上取得学生的同意，可以建立起这样的小组，不同家庭背景、不同学习基础的学生被吸收进这样的小组，可以形成超越家庭背景、学习基础的影响。第三，同辈团体的成员往往把同辈人的评价作为自己行为的参照系，这就是同辈团体的参照团体功能。研究表明，聪明、有智慧、学业优异的学生不一定能在同辈团体中享有威望，这就说明同辈团体成员不一定把学习好作为自己行为的参照系。而体育运动好，外表俊美潇洒、长于某种技能的学生可能成为同辈团体的楷模。对此，数学教师要善于引导同辈团体内的数学爱好者，让他们有限度地培养作为团体参照系的行为能力，以取得团体内的威望。

（三）师生的交互作用

教师与学生在数学教学情境下相互交流信息与感情，相互发生作用。我们探讨数学教学艺术与师生交互作用的关系，就要掌握师生交互行为、师生交互方式、师生交互模式、师生关系的维持等对数学教学的意义。

1. 师生交互行为

美国的安德森等将师生的交互行为分为两类：一是教师对学生行为的控制，二是教师对学生行为的整合。前者称为控制型，是教师通过命令、威胁、提醒和责罚来控制学生的行为；后者称为整合型，是教师同意学生的行为、赞赏满意的行为、接受学生的不同意见、对学生进行有效的协助。在数学教学中，控制型使学生的学习被动，往往呈现较多的困难。整合型能够整合教师与学生的正确意见和行为，师生双方及时交流信息和感情，学生学习主动，乐意解决问题。这两类交互行为都可能在数学课堂出现，对学生学习的影响却大不一样。数学教师应当慎用控制型多用整合型。

2. 师生交互方式

里维特和巴维拉斯曾分析了五人小团体交互的方式有五种：链式、轮式、环式、全通道式与Y式。其中，轮式中有一个居中的领导者，其他成员只与这个领导者发生行为关系，显然这种方式最贴近师生课堂教学的交互方式。可见，师生交互方式应当接近于轮式的扩充。虽然这种方式有稳定的组织，但是学生之间的沟通不足，在“老师讲学生听，老师问学生答”的传统讲授法数学教学中，师生的交互方式就是这样。但是，在讨论方式的或有意义呈现教学的课堂里，这种轮式交互方式便需要加以必要的改造，那就是要适当吸收全通道交互方式的优点，使学生间有一定的交互活动，以适应他们学习上的需要。

3. 师生交互模式

教师的七类行为分别是：第一类，接纳，接纳学生表现的积极或消极的语言、情绪；第二类，赞赏，赞赏学生表现的行为；第三类，接受或利用学生的想法；第四类，问问题，提出问题让学生回答。这四类是教师对学生间接影响的行为。第五类，讲解，讲述事实和意见，表示教师自己的看法；第六类，指令，给学生以指示、命令或要求，让学生遵从；第七类，批评或维护权威，批评、谩骂，以改变学生的行为，为教师的权威辩护。这三类是教师对学生直接影响的行为。学生的行为是第八类，反应，由教师引起的学生做出的反应；第九类，自发行为，由学生主动做出的行为。

弗兰德斯将教学过程分为三个阶段，每个阶段两步，以便分别研究教师的行为在不同阶段对学生行为的作用。第一阶段是教学的前阶段，第一步，问题的引起与提出，第二步，了解问题的重要性；第二阶段是教学的中阶段，是第三、四步，第三步，分析各因素间的关系，第四步，解决问题；第三阶段是教学的后阶段，是第五、六步，第五步，评价或测量，第六步，应用新的知识与其他问题并作出解释。

弗朗西斯·威兰德的研究表明：在教学的前阶段，教师的直接影响即教师的第五至第七类行为，会使学生的依赖性增加，而且学生成绩降低；反之，教师的间接影响即教师的第一至第四类行为会减少学生的依赖性，而且学业成绩提高。在教学的后阶段，教师的直接影响不至于增加学生的依赖性，而会提高学业成绩。数学教学过程中，教师应参照弗兰德斯关于师生交互作用模式的研究，善于运用对学生的直接影响和间接影响，在教学过程的不同阶段恰当地施加不同的影响。无论概念教学、命题教学还是问题解法教学，在导入新课和进行教学目标教育的第一阶段，应当运用教师对学生的间接影响，接受学生的感受并利用学生的想法，赞赏学生的有益意见或者提出问题让学生回答。这样来减少学生对教师的依赖，激励学习动机，增强学习的主动性。但是，在评价、训练或强化教学的教学后阶段，则可以对学生施以直接影响，进行讲解和指令。对于教学的中阶段，即分析问题和解决问题的阶段，应依具体情境交替施以直接影响或间接影响。这个阶段比较复杂。若这个教学阶段有前一阶段的性质，就是说虽然是分析解决问题，但具有了解问题的性质，则类似于第一阶段；若这个教学阶段有后阶段的性质，就是说虽然是分析解决问题，但具有评价的性质，则类似于第三阶段。

4. 师生关系的维持

师生关系是人际关系中最微妙的形态之一，如何维持良好的师生关系是极为重要的。师生关系的维持有许多因素，其中最主要的是教学目标和班级的气氛。

教学目标是教育目标在教学领域的体现，它同时成为学生的学习目标和课程编定的课程目标。教学目标既有社会要求，又要促进学生的身心发展。在教学计划体系中，教学目标主要在教学大纲中规定。因此，作为师生教学活动出发点和归宿的教学目标，是维持师生关系的纽带。数学教师不仅要根据教学大纲的规定深入研究课本上的教学内容，将规定的教学目标分解成各节课堂教学的具体目标；还要根据教学班学生的认知发展的实际，将目标的提出合理化，为所有的学生认同。这样，教学目标作为师生教学活动努力的共同目标，将加强师生之间的关系。

班级气氛除了学生的班风等本身的基础之外，在课堂教学中往往取决于教师的

“领导方式”。教师对学生不是隶属体制下的领导与被领导、上级与下级的关系；但是在数学课堂教学中教师的主导作用又有“导”的一面，因而具有领导方式的因素。

数学教师在课堂教学中应当依靠自己的领导方式促进正常的班级气氛。在教学中遇到困惑的时候，如果仍然能坚持民主方式，那么他与学生的关系会得以维持。

第四节　高等数学教学语言的应用

一、数学语言与数学教学语言

（一）数学语言

数学语言是科学语言，和其他科学语言一样它是为数学目的服务的，几乎任何一个数学术语、符号都有它一段漫长而曲折的历史就说明了这一点，因而它与日常用语有着深刻的历史渊源，数的书写就是一个例子。

数学的符号与其他语言都是用来表示量化模式的。它是数学科学、数学技术和数学文化的结晶，是认识量化模式的有力工具。从这个角度说，数学教学能够传播数学语言，培养学生使用数学语言的能力，提高学生用数学语言分析和解决问题的能力。因而数学语言具有它自己的特点，这些特点主要表现在：

第一，它是特定的语言，是用来认识与处理量化模式方面问题的特殊语言，虽然自然语言包括日常用语与科学用语，数学语言属于科学用语，但它与其他的诸如哲学、自然科学、社会科学、行为科学、思维科学等用语有不同。这种特定语言的特定性并不妨碍其广泛使用。

第二，它是准确的，具有确定性而少歧义。俗语说“一就是一，二就是二”是说该是什么就是什么，用数字“一”“二”来表达这个意思就说明数学语言的确定性。日常用语的语音、词汇和语法都会随着语言环境的不同而有多种解释，甚至在一些社会科学中比如教育学中的许多用语都是这样。“教育”这个词本身就有多种解释，有时会造成歧义。数学语言包括概念、命题的表述以及推理过程的表述都没有这种情况。

（二）数学教学语言

数学教学除了运用数学语言以表现数学教学内容以外，还要运用数学教学语言。如前所述，数学教学语言有日常用语和数学教学用语，它们在数学教学中的作用是不同的。

数学教学用语主要是用来将数学语言“转述”成学生所熟悉的语言，以增强数学语言的表现力；而数学教学中的日常用语主要用来进行组织教学，使教学活动顺利进行。

人类学家和语言学家认为，任何语言和任何方言都能够表达特定社会所需要表达的任何事物，但是，用某些语言来表达特定的事物需要“转述”。数学语言是一种特殊语言，向学生表达数学事实和数学方法时需要将数学语言转述成学生的语言。学生的语言是已经为学生内化了的语言，用它来转述数学语言能使数学语言内化，从而使数学语言所表现的数学内容内化为学生的认知结构。在此之后，内化了的数学语言又可成为学生的语言，它又可以用来转述新的数学语言。数学教学用语就是这样不断地用学生的语言转述数学语言，它的作用就是这种转述作用。

数学教学中教师所使用的日常用语，是用来进行组织教学的。组织教学是教学的组织活动，保持教学秩序，处理教学中的偶发事件，把学生的行为引向认识活动上来的控制与管理。为了组织教学，教师常要向学生发出一些指令、要求。“同学们，不要说话了”就是指示学生要静下来，把学生的注意力引向一元一次方程的求解上来。日常用语应当是学生明白的语言，不需要再转述。如果教师在组织教学时使用的语言过于成人化，不为学生所领悟，就起不到组织教学的作用。随着学生言语的发展，教学中的日常用语逐渐“成人化”，因而教学中的日常用语也要与学生的言语发展水平相一致。

二、学生的言语发展与数学教学

（一）言语与思维

在语言学和心理学中，为了研究人类的尤其是学生的思维发展和语言发展，把个体在运用和掌握语言的过程中所用的语言称为“言语”。如果把某民族的语言归结为社会现象的话，那么个体的言语就是一种心理现象、个体化的现象，这种现象是在个体与他人进行交际时产生的。一个人用汉语与人家说话，说的“语”是汉语；所说的“话”（言）就是这个人的言语。说出来的“话”（言语）是汉语（语言）的使用和掌握，是个体对语言的掌握。简单地说，言语就是说话，是用语言说话。我们中国人用的是同一种语言，但可以说出大量的不同的言语；即使在数学教学中用数学语言，也可以说出许多不同的言语来。第一节里的“语言”，如果指“说话”，都可以换成“言语”。研究学生怎样使用语言就是研究学生的言语发展。

学生的言语发展与学生的思维发展的关系，就是语言和思维的关系。关于语言与思维的关系有各种不同的看法，其中有些与我们有关。

思维和语言既有区别，又有联系。思维和语言属于两个范畴，思维精神，是语言的“内核”。语言是物质，是思维的“物质外壳”。思维要受语言的“纠缠”，二者密不可分。没有语言，就不可能有人的理性思维；没有思维，也就不需要作为思维活动承担者的工具和外化手段的语言。

思维是人的心理现象。它与注意、观察、记忆、想象等其他心理现象的区别是它具有创造性，创造性是思维的特征。苏联学者依思维的创造性的高低将思维分为再现性思维和创造性思维。再现性思维的特征是思维的创造性较低，这种思维往往在主体解决熟悉结构的课题时产生；创造性思维是获得的产物有高度的新颖性，创造性较高，这种思维往往在主体遇到不熟悉的情境中产生。这两种思维的区分不是绝对的。因为“创造性的高低”很难衡量。任何思维都有创造性，再现性思维是创造性思维的基础，没有在熟悉的情境中的规律性认识，那么在不熟悉的情境中就难以有什么创造。因而任何思维都是再现性思维与创造性思维的结合。从心理学的观点来看，科学家和学生的创造性思维没有什么区别，科学家发现规律与学生的发现性学习有着共同的心理规律。但他们探求新规律的条件不同。科学家进行探求的条件是非常复杂、多样的真实现实；而学生在学习中探求接触的不是现实条件而是一种情境，在这种情境中许多所需要的特征已被揭示出来而次要的特征都被舍弃了。因而苏联学者将科学家的创造性思维叫做独创性思维，将学生的创造性思维叫做始创性思维。

苏联学者还依思维中意识介入的程度分为直觉—实践思维和言语—逻辑思维。直觉—实践思维是在直观情境分析和解决具体的实践课题、具体对象或它们模型的现实动作的过程中产生的，这一点大大地减轻了对未知东西的探求，但这个探求的过程本身是在明确的意识的范围之外，是直觉地实现的。比如说，在骑自行车时，“骑自行车”这一直观情境中，分析和解决骑自行车这一具体的课题，是在一套动作中进行的思维，这个过程是在明确的意识之外进行的，因而是直觉—实践思维。言语—逻辑思维是在认识的情境中分析和解决抽象的理论课题，在进行理性的思考的过程中产生的，这个过程有明确的意识的介入。任何思维也都或多或少地有意识的介入，纯粹的毫无意识的思维并不存在。因而，直觉—实践思维中意识的介入少一些或不明确；言语—逻辑思维意识的介入多一些或很明确。任何思维也都是直觉—实践思维与言语—逻辑思维的结合。虽然直觉也是一种认识，但是主要通过动作、实践而不是通过理性的认识，因此直觉—实践思维还一时找不到言语来表达。与此不同的是，言语—逻辑思维这种认识由于意识的明显介入，主要通过理性活动来认识，能够准确地用言语来表达。由于有这种差别，人们往往把创造性思维与直觉—实践思维联系起来，把再现性思维与言语—逻辑思维联系起来。直觉—实践思维简称直觉思维，言语—逻辑思维简称逻辑思维。

（二）学生的内部言语与数学教学

语言有口头语言与书面语言两种形式；言语除了口头言语和书面语言以外，还有内部言语。口头言语是口头运用的语言，书面言语是用文字表达的语言，口头言语和书面言语又叫作外部言语。

内部言语是个体在进行逻辑思维、独立思维时，对自己的思维活动本身进行的分析、批判，是以极快的速度在头脑中所使用的言语。内部言语比起口头和书面言语，主要有以下特点：第一，内部言语的发音是隐蔽的，有时出声有时不出声。小学生或逻辑思维水平低的其他学生可能出声，思维水平高的则不出声。虽不出声，却在头脑中“发声”，这一点可由唇、口、舌等电流记录证明。即使出声也与口头言语不同，不那么响亮、连续，近乎嘟嘟囔囔，时隐时现。第二，内部言语不是用来对外交流，而是用来对自己要说的、要做的进行思考，对自己活动的分析、批判。当它有一定成熟意思后才表现为口头言语或书面言语。是“自己对自己说话”，在学生答题、做题、写文章的过程中会观察到这种内部言语活动，因此，它不像口头、书面语言那么流利，有时有些杂乱。第三，内部言语“说”得很快，很简洁，只是口头、书面等外部言语的一些片段。外部言语表达的意思通常完整，以句为单位，而内部言语却往往通过一个词或短句来表达同一个意思。因此比起外部言语，内部言语“说”得很快。在头脑里用内部言语打成的“初稿”到了外部说或写的时候就要扩大许多倍。

内部言语具有比口头、书面言语不同的上述特点，使内部言语居于更重要的地位。那就是内部言语是口头、书面言语的内部根源，是逻辑思维的直接承担者和工具，逻辑思维通过内部言语内化。内部言语不仅是逻辑思维的物质基础，而且是思维发展水平的标志。思维活动愈复杂，愈需要复杂的内部言语活动，发展学生的逻辑思维能力直接表现为发展学生的内部言语水平；发展了学生的内部言语也就提高了学生的逻辑思维乃至整个思维水平。内部言语是外部言语的根源，它与逻辑思维有更直接的联系，因此要注意学生内部言语能力的培养。数学教学通过发展学生的内部言语内化数学语言来发展学生的逻辑思维，进而发展直觉思维。为此，数学教师应当对学生的内部言语采取正确的态度，鼓励并引导学生大胆用内部言语进行数学思维，努力用正确的口头言语表达内部言语，用规范的书面言语表述内部言语。

第一，学生的内部言语在外部是可以通过仔细观察发现的。在鼓励学生使用内部言语时除了可以先心算后用外部言语表达外，还可以采取其他一些做法，比如可以先让学生起立，再问问题，让他立刻解答，这就逼迫他先“想”后做，这个“想”就是进行内部言语活动，不过在这样做的时候，教师不能带有“考核”的意图，而要使学生明白这是教师对学生的鼓励。因此，无论答案正确与否，教师都要赞同他大胆“想”的行为。

第二，教师的积极引导。学生一般不懂得内部言语的重要意义，往往以为那是遇到数学问题时的“胡思乱想”。教师在课内外活动中应当向学生进行内部言语的示范，当然是出声的，也可以运用手势等非言语活动来表达内部言语活动。通过积极引导，使学生的逻辑思维与内部言语同步进行，用内部言语进行逻辑思维。

第三，教师要帮助学生将内部言语表述成正确的口头言语，使书面表述规范化。处于低水平逻辑思维的学生，其内部言语也比较混乱，纠正他错误思维的方法只能用外部言语的正确表述进行。即使是正确的内部言语，由于内部言语和外部言语的区别，用外部言语来表达的时候也可能出现困难。

至于发展学生的言语以发展学生的直觉思维等非逻辑思维的问题，也已引起了人们的重视。国内学者也提出了“培养学生的非逻辑思维能力也是数学教学的重要任务”的主张，而且因为逻辑思维是直觉思维的基础，任何逻辑方法都要借助于直觉，二者是相辅相成、互为补充的。因此，发展学生的言语尤其是内部言语不仅对发展学生的逻辑思维有直接的作用，而且对培养学生的直觉思维等非逻辑思维也是十分重要的。

三、教师的课堂语言

课堂语言分为口头语言和板书，它是教师的数学修养和艺术修养的直接表现。掌握和使用语言的艺术对数学教学效果起着最为直接的作用。

(一) 数学语言与教学语言的对立统一

数学教师在课堂上的口语言，无论是教学用语还是数学用语，既要讲究数学科学的科学性又要考虑学生的言语发展。因此，应当正确处理教学语言与数学语言的关系。

数学语言是科学语言，数学词汇是数学对象的抽象，有着确定的含义，用以表现形式化的数学思维材料；数学词语是数学对象相互关系的概括，有着严密的含义，用以表现逻辑化的数学思维材料；数学语句是表现数学思想方法的工具，用以表现形式化、逻辑化的数学思维材料。但是，数学教学语言是教学语言，又应当具有具体形象的性质、描述的性质以及现实的性质。因而，数学教师的口头语言应当是确定性、严密性、逻辑性与具象性、描述性、现实性的对立统一。而且讲解课程内容还应当是规定性与启发性的对立统一。

(二) 口头语言的情感表现

数学课堂口头语言的运用不是单靠处理数学语言科学性与学生口语发展之间的关

系就能完成的，重要的是以此为基础提高语言的表现力和感染力，表现某种情感。这种表现力来源于运用语言的技巧和修辞手法、依靠的是教学艺术修养的不断提高。

1. 运用语言的技巧

语言技巧是运用诸如节奏、强弱、速度和韵律的技巧。

节奏是运动的对象在时间上某种要素的有规则的反复，这种反复不是外部机械的，而是表现对象内部的秩序。有规则的反复能够引起人的意识的注意，节奏产生美感。火车轮子与铁轨撞击产生的有节奏的声响，表现了火车运动在时间上的规则性；音乐中的节拍表现了重音的周期重复，也是一种节奏。语言的节奏类似于音乐中的节奏，有规则反复的要素可以是声音的强弱，可以是字的间隔的长短，也可以是韵律。语言的节奏不是人们臆造出来的，而是语言本身包含的情感色彩在时间秩序上的体现。因此，语言的节奏表现的情感色彩增强了它的表现力。

在讲究语言技巧的运用、提高口头语言表现力的时候，要注意下列问题。

第一，表现情感不是描述情感。表现情感是用语言表现对象的个性特征、内部秩序性。在“如果……那么…”的命题中，“如果”在这个条件下，“那么”所说的结论成立，表现了内部的逻辑规律。第二，用语言表现情感，是由语言表述的对象本身的情感色彩决定的，不是人为的。对于赋予其情感色彩的数学语言更是如此。首先是它的科学性，其次才是根据内部的逻辑关系和学生内化的程度来赋予某种情感。

2. 掌握修辞的手法

数学教学的口头语言可以运用各种修辞手法，比如形容、形象、反语、象征、修饰等，来提高表现力。

无论运用语言的技巧还是采用各种修辞的手法，在数学教学口头语言中尽量避免说废话、巧话、粗话、套话、气话，不说与学生认识活动无关或者伤害学生的话，因为这样不仅降低了语言的表现力，而且不利于学生言语的发展，这是一定要注意防止的。

参考文献

[1]安军.在数学教学的3个阶段培养学生逻辑思维能力——以高等代数为例[J].高师理科学刊,2017(9):77-81.

[2]蔡畔.高等数学教学中培养学生思维能力的探究[J].现代交际,2014(11):232.

[3]常天兴.高等数学教育中的思维能力培养研究[M].北京:中国原子能出版传媒有限公司,2022.

[4]陈佩宁,张明虎.高职高等数学教学中学生思维能力的培养途径[J].石家庄职业技术学院学报,2012(4):53-54.

[5]陈婷,刘清,侯致武.高等数学课程教学中数学逻辑思维能力的培养[J].内江科技,2019(9):94.

[6]陈雪芬.论高等数学教学对学生思维能力的培养[J].山西青年,2018(23):213.

[7]程艳,车晋.高等数学教学理念与方法创新研究[M].延吉:延边大学出版社,2022.

[8]储继迅,王萍.高等数学教学设计[M].北京:机械工业出版社,2019.

[9]丁黎明.关于高职学生高等数学思维能力的培养[J].淮北职业技术学院学报,2011(5):63-64.

[10]杜建慧,卢丑丽.高等数学的教学与实践研究[M].延吉:延边大学出版社,2022.

[11]范林元.高等数学教学与思维能力培养[M].延吉:延边大学出版社,2019.

[12]关明.浅谈高等数学教学过程中如何培养学生创造性思维能力[J].才智,2019(24):40.

[13]蒋金弟.高等数学教学中学生数学思维能力的培养[J].中国新技术新产品,2010(6):233.

[14]靳曼莉,林玉国.高等数学教学与创新思维能力培养[J].科技创新导报,2014(7):131.

[15]李权,白贵山,刘导,等.运用“主题词教学法”培养学生逻辑思维能力的探究——以《高等数学》课程中定积分的概念与性质教学为例[J].开封教育学院学报,2016(1):115-117.

[16]李淑焕.高等数学教学对学生思维能力的培养[J].数码设计(下),2020(7):168-169.

[17]李淑香,张如.高等数学教学浅析[M].天津:天津科学技术出版社,2021.

[18]李树多.高等数学课程教学中数学逻辑思维能力的培养[J].消费导刊,2019(36):41.

[19]廖茂新,欧阳自根,廖新元.论高等学校数学教学中的创造性思维能力培养[J].衡阳师范学院学报,2012(6):150-151.

[20]刘晓兰.突出《高等数学》思想培养学生创新思维能力[J].甘肃联合大学学报(自然科学版),2012(2):100-102.

[21]刘秀萍,徐茂良.高等院校基础课教材高等数学[M].重庆:重庆大学出版社,2021.
[22]刘振文.浅谈在大学高等数学教学过程中对学生数学建模思维能力的培养[J].才智,2019(2):57.
[23]马红建.浅谈高等数学教学过程中如何培养学生创造性思维能力[J].中国多媒体与网络教学学报(电子版),2019(32):119－120.
[24]牛银菊,黄香香."高等数学"课堂教学中学生自觉思维能力的培养[J].教育教学论坛,2022(44):180－183.
[25]彭国荣.高等数学教学方法的探索与实践研究[M].长春:东北师范大学出版社,2016.
[26]邱翠萍.高等数学教学中学生数学思维能力的培养[J].辽宁省交通高等专科学校学报,2015(3):74－76.
[27]瞿云云.高等数学教学中创新思维能力的培养[J].数学学习与研究,2012(23):6－7.
[28]任伯许.大学生数学能力培养研究[M].青岛:中国海洋大学出版社,2012.
[29]任祖云.高等数学教学与培养学生的数学思维能力[J].考试周刊,2013(79):46－47.
[30]史悦,李晓莉.高等数学[M].北京:北京邮电大学出版社,2020.
[31]宋玉军,周波.高等数学教学模式与方法探究[M].长春:吉林出版集团股份有限公司,2022.
[32]孙玲.高等数学教学中学生逻辑思维能力的培养探析[J].创新创业理论研究与实践,2019(16):37－38.
[33]田园.高等数学的教学改革策略研究[M].北京:新华出版社,2018.
[34]王彩玲.高等数学教学中创新思维能力的培养[J].吉林省教育学院学报,2011(9):88－89.
[35]王凤莉.高等数学教学中学生思维能力的培养[J].石家庄职业技术学院学报,2012(6):79－80.
[36]王玲.在高等教育数学教学中培养学生的直觉思维与逻辑思维能力[J].辽宁工业大学学报(社会科学版),2014(2):118－120.
[37]王琼华,张丽萍.高等数学[M].昆明:云南大学出版社,2021.
[38]王霞,丁玉梅.高等数学课程教学中学生辩证思维能力的培养[J].中国轻工教育,2016(3):36－39,67.
[39]王艳艳,许武玲.高等数学教学中突破思维定势能力的培养[J].安徽工业大学学报(社会科学版),2012(6):122－123.
[40]韦银幕.如何在高等数学教学中培养高职学生的创新思维能力[J].开封教育学院学报,2014(1):166－167.